Piante Velenose

Guida Completa per Riconoscerle in Italia e nel Mondo con Tecniche e Esempi Pratici

Indice

I. Introduzione al Mondo delle Piante Velenose..................11

1. Cosa Sono le Piante Velenose?..................11
2. Storia delle Piante Velenose nella Tradizione..................14
3. Perché Studiare le Piante Velenose è Importante?..................17
4. Dove Si Trovano le Piante Velenose?..................20
5. Classificazione delle Piante Velenose: Tipologie e Famiglie..................23
6. Meccanismi di Avvelenamento: Come Funzionano le Tossine..................26
7. Impatto delle Piante Velenose sulla Salute Umana..................30
8. Ruolo Ecologico delle Piante Velenose negli Ecosistemi..................33

II. Come Riconoscere le Piante Velenose: Caratteristiche Distintive 37

1. Foglie e Fusti: Segni Visivi delle Piante Velenose..................37
2. Forma e Colore dei Fiori: Indicatori di Potenziale Tossicità..................40
3. Bacche e Frutti: Come Distinguere le Piante Velenose da Quelle Commestibili..................43
4. Odori e Resine: Identificazione Attraverso il Senso dell'Olfatto..................46
5. Distribuzione Geografica e Habitat Tipici delle Specie Velenose..................49
6. Simbiosi e Presenza di Insetti Specifici come Indizio di Tossicità..................53
7. Test di Resistenza: Riconoscere le Piante Velenose Attraverso le Reazioni 56
8. Differenze tra Piante Velenose e Piante Medicinali: Evitare Confusioni Pericolose..................60

III. Le Piante Velenose più Pericolose d'Italia..................65

1. Aconito: Il Veleno Mortale dei Boschi..................65
2. Belladonna: La Bellezza Fatale delle Piante Velenose..................68
3. Stramonio: La Pianta dei Sogni e delle Allucinazioni..................71
4. Ricinus: Il Ricino e la Tossina Ricinina..................74
5. Digitale: Il Cuore e il Suo Potere Tossico..................77
6. Conio: La Pianta Avvelenatrice dei Romani..................80
7. Euforbia: La Linfa Pericolosa delle Piante Grasse..................83
8. Cicuta: La Pianta delle Condanne e dei Veleni..................86

IV. Piante Velenose da Conoscere nel Resto del Mondo..................89

1. Ricino: Il Veleno Silenzioso della Natura..................89

2. Manihot esculenta (Yuca): Quando la Radice Diventa Tossica...........91
3. Sorgo: Il Pericolo Nascosto nelle Coltivazioni..................................94
4. Cicuta Acquatica: Il Veleno Invisibile dei Corsi d'Acqua..................97
5. Abrus Precatorius (Fagiolo Rosso): Bellezza e Tossicità................100
6. Alder Buckthorn: L'Avvelenatore dei Parchi e dei Giardini............103
7. Acanthus: La Pianta Avvelenatrice dei Giardini Mediterranei........106
8. Datura: La Pianta delle Allucinazioni e dei Rischi........................109

V. Sintomi di Avvelenamento da Piante: Cosa Fare Subito...........113

1. Identificazione dei Sintomi Iniziali di Avvelenamento..................113
2. Sintomi Gastrointestinali: Nausea, Vomito e Diarrea....................115
3. Sintomi Neurologici: Confusione, Allucinazioni e Convulsioni.....119
4. Sintomi Cardiaci: Palpitazioni e Ipertensione...............................122
5. Reazioni Allergiche: Eruzioni Cutanee e Shock Anafilattico.........125
6. Procedure Immediate da Seguire in Caso di Avvelenamento..........129
7. Quando Contattare i Servizi di Emergenza...................................132
8. Primi Interventi in Caso di Avvelenamento da Piante Tossiche.....136

VI. Difendersi dalle Piante Velenose: Precauzioni e Strumenti Utili 141

1. Conoscere le Piante Velenose: Guida alla Identificazione.............141
2. Abbigliamento Protettivo: Cosa Indossare in Giardino.................145
3. Strumenti da Giardinaggio Sicuri: Scelte Consapevoli..................148
4. Pratiche di Manutenzione: Come Gestire le Piante Velenose........152
5. Tecniche di Raccolta e Manipolazione: Evitare il Contatto..........155
6. Uso di Barriere Naturali: Difendere il Giardino dalle Piante Tossiche.......159
7. Educazione e Consapevolezza: Formare Famiglie e Comunità.....162
8. Primo Soccorso e Kit di Emergenza: Essenziali da Tenere a Casa...........166

VII. Piante Velenose e Animali: Proteggere i Nostri Amici a Quattro Zampe... 171

1. Identificazione delle Piante Tossiche per Cani e Gatti..................171
2. Sintomi di Avvelenamento negli Animali Domestici: Cosa Osservare......174
3. Primo Soccorso per Animali in Caso di Intossicazione.................177
4. Piante da Evitare nei Giardini Frequentati da Animali..................180
5. Prevenzione: Educare gli Animali a Evitare le Piante Tossiche....183

6. Come Gestire il Contatto Accidentale con Piante Velenose.................186
7. Quando Consultare il Veterinario: Segnali di Allarme........................189
8. Creare un Kit di Emergenza per gli Animali Domestici......................193

VIII. Piante Velenose nei Giardini e Parchi Pubblici: Dove Prestare Attenzione..197

   1. Le Piante Velenose più Comuni nei Giardini.................................197
   2. Riconoscere i Segni di Avvelenamento nei Giardini Pubblici...................200
   3. Piante Tossiche da Evitare nei Giardini Residenziali........................204
   4. Rischi delle Piante Velenose nei Parchi per Bambini........................207
   5. Individuazione e Prevenzione: Strategie per i Giardinieri...................210
   6. Educazione Ambientale: Sensibilizzare la Comunità sulle Piante Tossiche 214
   7. Manutenzione Sicura: Come Gestire le Piante Velenose nel Giardino.......218
   8. Risorse e Strumenti per Riconoscere le Piante Tossiche in Natura..........223

IX. Esempi Pratici di Riconoscimento in Natura...........................227

   1. Osservare le Foglie: Forme, Colori e Segni Distintivi delle Piante Tossiche 227
   2. Riconoscere i Fiori Tossici: Colori e Strutture da Tenere a Mente..........230
   3. Identificare Bacche e Frutti Velenosi: Criteri di Colore e Forma............233
   4. Analisi della Corteccia e dei Rami: Caratteristiche Visive per il Riconoscimento..237
   5. Differenze tra Specie Simili: Come Distinguere Piante Tossiche da Piante Innocue..240
   6. Segni di Tossicità nelle Radici e nei Bulbi: Aspetti Visibili e Precauzioni 243
   7. Piante Tossiche nelle Diverse Stagioni: Come Riconoscerle durante l'Anno 247
   8. Utilizzo di App e Guide sul Campo: Strumenti per un Riconoscimento Sicuro in Natura..250

X. Tecniche di Primo Soccorso e Rimedio in Caso di Contatto o Ingestione..255

   1. Identificazione della Situazione di Emergenza: Riconoscere i Sintomi di Avvelenamento...255
   2. Primo Soccorso Immediato: Cosa Fare in Caso di Contatto con Piante Tossiche...258
   3. Gestione dell'Ingestione: Cosa Non Fare e Quali Passi Seguire..............261

4. Contatto con la Pelle: Rimuovere i Residui e Prevenire Reazioni Allergiche 264
5. Interventi di Emergenza: Quando e Come Contattare i Servizi Sanitari..... 268
6. Utilizzo di Rimedi Casalinghi: Cosa Può Essere Utile e Cosa Evitare....... 272
7. Preparazione a Situazioni di Emergenza: Creare un Piano di Azione......... 276
8. Educazione alla Prevenzione: Insegnare Tecniche di Sicurezza ai Bambini e agli Animali.................. 279

🎁 **Alla fine di questo libro troverai un regalo esclusivo!**

Piante Velenose

Guida Completa per Riconoscerle in Italia e nel Mondo con Tecniche e Esempi Pratici

I. Introduzione al Mondo delle Piante Velenose

1. Cosa Sono le Piante Velenose?

Le piante velenose sono organismi vegetali che producono sostanze tossiche, note come tossine, in grado di provocare effetti nocivi sull'organismo umano e animale. Queste sostanze possono essere presenti in diverse parti della pianta, come radici, fiori, foglie, semi e frutti, e possono agire in vari modi, influenzando i sistemi nervoso, gastrointestinale e respiratorio, tra gli altri. Il loro potere tossico può variare significativamente a seconda della specie, della parte della pianta utilizzata, della quantità ingerita e della sensibilità individuale.

Identificazione delle Piante Velenose

Per riconoscere le piante velenose, è fondamentale prestare attenzione a segni distintivi. In generale, molte piante velenose presentano colori vivaci o fiori appariscenti, che fungono da avviso per animali e umani della loro potenziale pericolosità. Ad esempio, la **Belladonna** (Atropa belladonna), una pianta velenosa comune in Italia, ha fiori a forma di campana di un viola intenso e frutti simili a bacche nere, mentre le sue foglie possono risultare lucide e verdi. Altre piante come il **Ricinus communis** (castor bean) presentano foglie ampie e dentate e semi caratteristici, a forma ovoidale, ma è importante non toccare né ingerire alcuna parte della pianta.

Come Funzionano le Tossine

Le tossine vegetali possono agire in diversi modi. Alcune, come quelle della **Cicuta** (Conium maculatum), agiscono come neurotossine, bloccando i segnali nervosi e causando paralisi e, in casi estremi, morte. Altre, come le tossine presenti nel **Lauroceraso** (Prunus laurocerasus), possono provocare sintomi gastrointestinali gravi, come nausea e vomito, se ingerite. È essenziale conoscere il meccanismo d'azione di ciascuna tossina per valutare correttamente i rischi e le conseguenze in caso di esposizione.

Esempi di Piante Velenose Italiane

In Italia, alcune delle piante velenose più comuni includono:

1. **Aconito** (Aconitum spp.): Questa pianta è riconoscibile per i suoi fiori blu a forma di casco e le foglie palmate. È estremamente tossica e può causare arresto cardiaco.

2. **Piante di Digitalis** (Digitalis purpurea): Conosciuta per i suoi fiori a campana viola, tutte le parti di questa pianta sono velenose e possono causare aritmie cardiache.

3. **Oleandro** (Nerium oleander): Questo arbusto ornamentale ha fiori profumati e colorati, ma è altamente tossico se ingerito. I sintomi includono nausea, vomito e problemi cardiaci.

Tecniche di Prevenzione e Difesa

Per difendersi dalle piante velenose, la formazione e la conoscenza sono fondamentali. Ecco alcune tecniche pratiche per principianti:

- **Educazione e Studio:** Impara a riconoscere le piante velenose della tua zona. Utilizza guide visive e app dedicate al riconoscimento delle piante, così da facilitare l'identificazione sul campo.

- **Uso di Guanti e Attrezzature Protettive:** Quando maneggi piante sconosciute o sospette, indossa guanti e abbigliamento protettivo. Questo riduce il rischio di contatto con tossine cutanee.

- **Evitare il Contatto:** Se non sei sicuro della natura di una pianta, evita di toccarla o di avvicinarti. Segnala le piante velenose nelle aree pubbliche per avvertire gli altri.

- **Primo Soccorso:** Familiarizzati con le procedure di primo soccorso in caso di avvelenamento. Se si sospetta un avvelenamento, contattare immediatamente i servizi di emergenza.

Conclusioni

Conoscere cosa sono le piante velenose e come riconoscerle è fondamentale per garantire la propria sicurezza e quella degli altri. Attraverso un'educazione adeguata e una maggiore consapevolezza, è possibile godere della bellezza della natura senza incorrere nei rischi associati a queste piante pericolose.

2. Storia delle Piante Velenose nella Tradizione

Le piante velenose hanno ricoperto un ruolo significativo nella storia e nella cultura umana, tanto da influenzare pratiche mediche, superstizioni, e persino tecniche di autodifesa. Sin dall'antichità, l'umanità ha sfruttato le proprietà tossiche di molte piante, riconoscendone il potere sia come strumento di guarigione che come arma letale. I popoli antichi ne conoscevano bene i rischi e i benefici, e le usavano con un'attenzione che ha contribuito a definire i limiti tra vita e morte, salute e malattia.

Uso delle Piante Velenose nella Medicina Antica

Molte culture hanno utilizzato le piante velenose per scopi medici, pur consapevoli dei pericoli che esse comportavano. Ad esempio, nella civiltà greca, l'**Aconito** (Aconitum napellus) era noto sia per il suo uso terapeutico che per quello mortale. La radice dell'aconito, potentemente velenosa, veniva somministrata in dosi estremamente ridotte per trattare dolori e infiammazioni, grazie alle sue proprietà analgesiche. I Greci furono tra i primi a documentare il rischio letale dell'aconito, motivo per cui venne utilizzato anche come veleno per nemici o animali pericolosi.

La **Belladonna** (Atropa belladonna), invece, era usata sia dai Greci che dai Romani per le sue proprietà antispasmodiche, ma le dosi dovevano essere attentamente monitorate per evitare intossicazioni. Durante il Medioevo, la belladonna veniva sfruttata dalle erboriste per lenire dolori intestinali e addominali. Tuttavia, a causa del rischio di avvelenamento, l'uso di queste piante venne progressivamente sostituito da rimedi più sicuri.

Stregoneria e Superstizione

Nel Medioevo, la conoscenza delle piante velenose divenne patrimonio delle cosiddette "streghe" e delle guaritrici, che preparavano pozioni e unguenti a base di piante tossiche come la **Mandragora** (Mandragora officinarum), la **Belladonna**, e il **Giusquiamo** (Hyoscyamus niger). Queste piante, contenenti alcaloidi psicoattivi, erano utilizzate per creare misture allucinogene in grado di indurre stati di trance. La loro associazione con pratiche di stregoneria contribuì alla nascita di miti e superstizioni che vedevano queste piante come strumenti di magia nera e stregoneria.

La **Mandragora**, in particolare, godeva di una reputazione sinistra: si credeva che la sua radice antropomorfa emettesse un grido mortale se estratta dal terreno. Questo mito, probabilmente nato per mettere in guardia dal pericolo della pianta, permise di riconoscere la Mandragora come specie tossica, da evitare o trattare con estrema cautela.

Veleni in Guerra e Difesa

Le piante velenose sono state spesso utilizzate come armi biologiche, specialmente in tempi antichi. I soldati romani utilizzavano il **Ricinus communis** (la pianta del ricino) per avvelenare l'acqua e causare malattie nei ranghi nemici. I semi della pianta, infatti, contengono ricina, una delle tossine naturali più potenti.

In altre culture, come quella degli indigeni sudamericani, il **Curaro** (una miscela ricavata da diverse piante, tra cui quelle del genere Chondrodendron) veniva usato per avvelenare le punte delle frecce da caccia e guerra. Questo veleno paralizzante era sfruttato per immobilizzare sia i nemici che le prede, un esempio pratico di come le piante velenose siano state storicamente usate come strumento di sopravvivenza e difesa.

Apprendimento Pratico per il Riconoscimento
Conoscere la storia delle piante velenose è utile per capire le tecniche di autodifesa. Le piante come l'aconito e la belladonna, note per le loro tossine potenti, crescono ancora spontaneamente in Europa e possono essere riconosciute attraverso elementi descrittivi quali:

- **L'Aconito**, con i suoi fiori a casco di colore blu o viola, è una pianta perenne presente nelle aree montane italiane. Chiunque si trovi a camminare in tali ambienti dovrebbe fare attenzione a non toccarla a mani nude.

- **La Belladonna**, con i suoi piccoli fiori viola e le bacche nere lucide, è diffusa nelle aree boschive. I raccoglitori di erbe devono evitarne le bacche, facilmente confondibili con altre specie commestibili.

Conclusioni
La lunga storia delle piante velenose mostra come queste abbiano sempre influenzato la vita e la sopravvivenza umana. Comprendere le loro proprietà e come riconoscerle è essenziale per chi si avventura nella natura. Oltre a ricordare il loro significato storico, si consiglia ai principianti di apprendere la morfologia di queste piante e di osservare sempre la massima cautela.

3. Perché Studiare le Piante Velenose è Importante?

La conoscenza delle piante velenose non è solo una questione di sicurezza personale, ma rappresenta un aspetto cruciale nella prevenzione di avvelenamenti accidentali e nella tutela dell'ecosistema. Essere in grado di riconoscere le piante pericolose può fare la differenza in situazioni quotidiane, specialmente per chi vive in contatto con la natura o pratica attività all'aperto come escursionismo, campeggio e raccolta di erbe selvatiche. La consapevolezza dei rischi associati a queste piante permette inoltre di proteggere chi ci circonda, inclusi bambini e animali domestici, spesso più esposti ai pericoli derivanti dall'ingestione accidentale.

La Sicurezza Personale e Familiare

Conoscere le piante velenose comuni in Italia e nel mondo consente di proteggere non solo se stessi, ma anche la propria famiglia. Molti avvelenamenti accidentali avvengono in giardino, dove piante ornamentali velenose come l'**Oleandro** (Nerium oleander) e l'**Agrifoglio** (Ilex aquifolium) vengono spesso scelte per la loro bellezza, ignorando i rischi associati. Per esempio, l'Oleandro è una delle piante più pericolose e ogni sua parte, dalle foglie ai fiori, è tossica. Un bambino o un animale domestico che mastichi una foglia o un fiore rischia gravi sintomi di avvelenamento, tra cui nausea, vomito, e, in casi estremi, problemi cardiaci.

Per evitare incidenti, è utile apprendere tecniche di riconoscimento visivo delle piante velenose, come osservare le caratteristiche morfologiche specifiche: i fiori rosa intenso dell'Oleandro o le foglie lucide e dentate dell'Agrifoglio. In giardino, si consiglia inoltre di collocare le piante tossiche lontano dalle zone gioco o di optare per alternative sicure.

Difesa e Autonomia in Natura

La capacità di identificare piante velenose è fondamentale per chi ama trascorrere tempo all'aperto. Imparare a riconoscere queste specie aumenta l'autonomia e la fiducia nel muoversi in ambienti naturali senza rischi per la salute. Durante un'escursione, ad esempio, è possibile imbattersi in piante velenose come la **Cicuta** (Conium maculatum), che cresce spontaneamente in molte aree umide d'Italia. La Cicuta può essere confusa con altre piante commestibili, come il prezzemolo selvatico, ma presenta un fusto caratteristico con macchie violacee e un odore pungente.

Una tecnica pratica per evitare errori è osservare attentamente le piante prima di raccoglierle e, in caso di dubbio, evitare qualsiasi contatto. Portare con sé un manuale di riconoscimento o utilizzare applicazioni per il riconoscimento visivo può aiutare a distinguere tra specie commestibili e velenose.

Conservazione dell'Ecosistema

La conoscenza delle piante velenose ha un'importanza anche ecologica. Alcune piante tossiche svolgono un ruolo essenziale negli ecosistemi, poiché regolano le popolazioni animali e contribuiscono alla biodiversità. La **Daphne mezereum**, nota come Fior di stecco, è velenosa per l'uomo, ma i suoi frutti nutrono alcuni uccelli, rendendola una specie importante per l'equilibrio ambientale. Rimuoverla indiscriminatamente può portare a squilibri, specialmente nelle aree protette o nei giardini naturali.

Prevenzione degli Avvelenamenti Accidentali

Molti avvelenamenti si verificano perché le persone non riconoscono le piante velenose o non sono a conoscenza dei rischi. Per evitare incidenti, è consigliabile apprendere le tecniche di riconoscimento visivo e informare chi ci circonda, soprattutto bambini e anziani, dei pericoli. Le scuole e i centri educativi possono offrire attività pratiche sul riconoscimento delle piante velenose, insegnando ai bambini a distinguere tra piante commestibili e pericolose.

Preparazione al Primo Soccorso

Infine, studiare le piante velenose consente di essere preparati al primo soccorso in caso di avvelenamento. Conoscere i sintomi associati alle principali piante tossiche, come l'irritazione della pelle causata dall'**Edera velenosa** (Toxicodendron radicans) o i problemi gastrointestinali indotti dall'ingestione di bacche di **Tasso** (Taxus baccata), aiuta a riconoscere rapidamente una possibile esposizione tossica e a intervenire tempestivamente.

Sapere cosa fare è essenziale: in caso di avvelenamento, evitare di indurre il vomito e contattare immediatamente un centro antiveleni o i servizi di emergenza. Portare una pianta o una sua foto può facilitare il riconoscimento e permettere un intervento più rapido.

Conclusioni

In sintesi, studiare le piante velenose non è solo una misura di sicurezza, ma anche un modo per comprendere e rispettare la natura. Acquisire queste competenze permette di vivere con maggiore consapevolezza e di apprezzare la biodiversità senza correre rischi inutili.

4. Dove Si Trovano le Piante Velenose?

Le piante velenose sono presenti in una vasta gamma di habitat, dalle foreste e dai prati montani fino ai giardini pubblici e privati. La loro diffusione varia in base alle caratteristiche climatiche e ambientali della zona, il che significa che è possibile incontrarle ovunque, dalle aree selvatiche alle città. Conoscere gli ambienti in cui queste piante crescono spontaneamente e le loro caratteristiche distintive può essere di fondamentale importanza per evitare incidenti e per difendersi dai loro effetti potenzialmente tossici.

Piante Velenose nei Boschi e nelle Aree Montane

I boschi e le aree montane sono habitat naturali per molte piante velenose, particolarmente comuni in Italia. Questi ambienti, caratterizzati da ombra e umidità, offrono il contesto ideale per piante come la **Belladonna** (Atropa belladonna), l'**Aconito** (Aconitum napellus) e il **Tasso** (Taxus baccata). La Belladonna, ad esempio, cresce nei boschi umidi e si riconosce per le sue bacche nere lucide, mentre il Tasso, un arbusto che può raggiungere grandi dimensioni, è noto per le sue caratteristiche bacche rosse.

Per chi pratica escursioni o raccoglie piante selvatiche, è importante saper distinguere queste specie. Una tecnica pratica è osservare i frutti e le foglie, che spesso hanno colori vivaci o forme particolari che servono come avvertimento. Si consiglia di utilizzare guanti quando si maneggiano piante sconosciute, poiché anche il contatto cutaneo con alcune di esse può risultare tossico.

Piante Velenose nei Prati e nelle Aree Campestri

I prati e le aree campestri, particolarmente le zone vicine ai corsi d'acqua, ospitano spesso piante velenose come la Cicuta (Conium maculatum) e l'**Erba del Diavolo** (Datura stramonium). La Cicuta, che può facilmente confondersi con il prezzemolo selvatico o altre piante commestibili, si distingue per il suo fusto cavo con macchie violacee e il suo odore pungente. Cresce tipicamente vicino a ruscelli e aree paludose, dove l'umidità favorisce il suo sviluppo.

Un approccio pratico per evitare intossicazioni è imparare a riconoscere la struttura del fusto e dei fiori. La Cicuta, per esempio, produce infiorescenze a ombrello simili a quelle delle carote selvatiche, ma il suo odore sgradevole può servire come indicatore di pericolo. L'Erba del Diavolo, invece, è caratterizzata da fiori a forma di tromba e da frutti spinosi; entrambe le parti contengono alcaloidi tossici e non devono essere toccate senza guanti.

Giardini e Aree Urbane

Molte piante velenose si trovano anche nei giardini e nelle aree urbane, dove sono scelte spesso per scopi ornamentali. Tra queste, l'**Oleandro** (Nerium oleander) è uno degli esempi più comuni. Nonostante la sua bellezza, ogni parte dell'Oleandro è altamente tossica, e il solo contatto con il suo fogliame o i suoi fiori può causare irritazione cutanea. In giardino, l'Oleandro deve essere piantato con attenzione, lontano da aree frequentate da bambini e animali domestici.

Altre piante ornamentali velenose che possono trovarsi in contesti urbani includono l'**Euforbia** (Euphorbia spp.), che contiene una linfa lattiginosa irritante, e il **Glicine** (Wisteria spp.), i cui semi sono tossici. Per i principianti, è utile utilizzare etichette per identificare le piante potenzialmente pericolose e informarsi sui rischi associati alle specie presenti nel proprio giardino.

Piante Velenose nei Climi Mediterranei

L'Italia, con il suo clima mediterraneo, è patria di numerose piante velenose che prosperano in ambienti caldi e secchi. Tra queste, spicca la **Mandragora** (Mandragora officinarum), una pianta famosa per le sue radici antropomorfe e la sua storia leggendaria. Cresce in zone incolte e soleggiate, specialmente nel Sud Italia. Le sue radici e i suoi frutti contengono potenti alcaloidi, per cui è fondamentale non raccoglierla e mantenere una distanza di sicurezza.

Il clima mediterraneo ospita anche il **Ricinus communis** (pianta del ricino), i cui semi contengono ricina, una delle sostanze più tossiche conosciute. Chi vive in queste zone dovrebbe imparare a riconoscere le piante comuni nel proprio territorio, dato che molte specie velenose si sviluppano spontaneamente nei terreni incolti e ai bordi delle strade.

Piante Velenose nei Pressi delle Aree Acquatiche

Le rive di laghi, fiumi e stagni costituiscono un altro habitat frequente per le piante velenose. La già menzionata Cicuta è una delle specie più pericolose che cresce vicino ai corsi d'acqua, ma anche l'**Oleandro** è spesso presente lungo le rive di fiumi e corsi d'acqua mediterranei. La **Digitalis purpurea** (digitale) è una pianta velenosa che può prosperare in queste zone, e il suo consumo accidentale causa effetti cardiotossici.

Per chi pratica attività acquatiche o passeggiate lungo i fiumi, è consigliabile evitare di raccogliere piante sconosciute e osservare con attenzione eventuali cartelli che segnalano la presenza di specie tossiche.

Conclusioni

Le piante velenose si trovano in ogni tipo di ambiente, dalla montagna al giardino di casa. Conoscere dove crescono e come identificarle permette di evitare situazioni di pericolo e di godere delle attività all'aperto in sicurezza.

5. Classificazione delle Piante Velenose: Tipologie e Famiglie

Per comprendere e riconoscere le piante velenose, è fondamentale conoscere le diverse tipologie e famiglie botaniche alle quali appartengono. La classificazione delle piante velenose si basa su vari criteri, tra cui i tipi di tossine presenti, l'effetto sul corpo umano e la struttura botanica. Questa classificazione non solo facilita il riconoscimento delle piante pericolose, ma aiuta anche a capire quali parti delle piante sono tossiche e quali effetti possono causare. Di seguito, esploreremo alcune delle principali famiglie e tipologie di piante velenose, concentrandoci su quelle più comuni in Italia e nel mondo.

Famiglia delle Solanaceae

La famiglia delle Solanaceae è tra le più conosciute per la presenza di piante velenose. Essa include la **Belladonna** (Atropa belladonna), il **Datura** (Datura stramonium) e il **Mandragora** (Mandragora officinarum). Queste piante contengono alcaloidi tropanici, come l'atropina, la scopolamina e la iosciamina, che sono estremamente tossici. Gli alcaloidi tropanici agiscono sul sistema nervoso centrale, causando effetti quali allucinazioni, tachicardia, e, in dosi elevate, anche la morte.

Per i principianti, un metodo pratico per riconoscere le Solanaceae tossiche è osservare la forma delle foglie e dei fiori. Ad esempio, la Belladonna ha foglie ovali e bacche nere lucide, mentre il Datura produce fiori a forma di tromba e frutti spinosi. È essenziale indossare guanti quando si maneggiano queste piante, poiché i loro alcaloidi possono essere assorbiti anche attraverso la pelle.

Famiglia delle Apiaceae

Le Apiaceae includono molte piante velenose, come la **Cicuta** (Conium maculatum) e la **Fool's Parsley** (Aethusa cynapium), note per la loro somiglianza con piante commestibili come il prezzemolo e la carota. Queste piante contengono composti tossici chiamati cicutossine, che agiscono rapidamente sul sistema nervoso, provocando convulsioni e paralisi.

Una tecnica efficace per riconoscere le Apiaceae velenose è osservare il fusto e le foglie. La Cicuta, ad esempio, ha un fusto cavo con macchie violacee e foglie finemente divise. Inoltre, emana un odore sgradevole quando viene schiacciata, caratteristica che può aiutare a distinguerla da piante simili.

Famiglia delle Ranunculaceae

La famiglia delle Ranunculaceae comprende piante come l'**Aconito** (Aconitum napellus) e l'**Elleboro** (Helleborus spp.), note per la loro tossicità. L'Aconito, chiamato anche "pianta dei lupi", contiene aconitina, un alcaloide velenoso che agisce sul sistema cardiovascolare e può causare arresto cardiaco. L'Elleboro, invece, è una pianta ornamentale, ma le sue foglie e i suoi fiori contengono saponine e glucosidi tossici.

Un metodo per identificare le Ranunculaceae è osservare i fiori, che spesso hanno forme e colori distintivi, come i petali blu-violacei dell'Aconito e i fiori bianchi o verdi dell'Elleboro. Chi maneggia queste piante dovrebbe sempre indossare guanti, poiché anche il semplice contatto può provocare irritazione cutanea.

Famiglia delle Euphorbiaceae

Le Euphorbiaceae sono rappresentate da piante come l'**Euforbia** (Euphorbia spp.) e il **Ricinus communis** (pianta del ricino). Queste piante contengono una linfa lattiginosa irritante per la pelle e, nel caso del Ricino, semi estremamente velenosi. Il Ricino contiene ricina, una delle sostanze più tossiche esistenti, che può causare gravi danni a organi interni anche in quantità minime.

Per riconoscere le Euphorbiaceae, si può osservare la linfa: quando si spezza un ramo o una foglia, questa famiglia produce una linfa bianca e densa. È importante evitare il contatto con la linfa e, nel caso del Ricino, non ingerire assolutamente i semi.

Famiglia delle Fabaceae

La famiglia delle Fabaceae include specie come il **Maggiociondolo** (Laburnum anagyroides), caratterizzato da fiori gialli a grappolo. I semi e altre parti del Maggiociondolo contengono citisina, una sostanza tossica che può causare nausea, vomito e problemi respiratori. Questa pianta si trova frequentemente nei giardini come pianta ornamentale.

Per riconoscere le Fabaceae tossiche, si può osservare la struttura dei fiori, tipicamente a grappolo, e dei baccelli contenenti i semi. La presenza di queste caratteristiche distintive è un buon indicatore per evitare contatti pericolosi.

Conclusioni

Conoscere le famiglie delle piante velenose e le loro caratteristiche principali è essenziale per il riconoscimento e la prevenzione di avvelenamenti. Riconoscere le caratteristiche botaniche specifiche, come la forma delle foglie, i colori dei fiori e la presenza di linfa lattiginosa, può aiutare a identificare facilmente le piante pericolose.

6. Meccanismi di Avvelenamento: Come Funzionano le Tossine

Le tossine presenti nelle piante velenose sono composti chimici sviluppati per proteggere la pianta stessa da predatori, insetti e altri pericoli dell'ambiente circostante. Queste sostanze agiscono in modi diversi sul corpo umano, spesso attaccando specifici sistemi come il nervoso, il cardiovascolare e il gastrointestinale. Comprendere i meccanismi di avvelenamento è fondamentale per riconoscere i sintomi e agire rapidamente in caso di esposizione accidentale. Di seguito, esploreremo i principali tipi di tossine, il loro funzionamento e le tecniche per evitare l'avvelenamento.

Tossine Neurotossiche

Le tossine neurotossiche agiscono sul sistema nervoso, interferendo con la trasmissione dei segnali nervosi tra cervello e corpo. Un esempio classico è la **cicutossina**, contenuta nella Cicuta (Conium maculatum). Questa tossina blocca i canali di trasmissione neuronale, causando convulsioni, perdita di coscienza e, nei casi più gravi, paralisi respiratoria. Allo stesso modo, la **scopolamina** presente nella Belladonna (Atropa belladonna) agisce come un inibitore del sistema nervoso, provocando confusione, allucinazioni e, in dosi elevate, coma.

Per difendersi da queste piante, è importante non solo evitare l'ingestione, ma anche evitare il contatto con la pelle. Una tecnica pratica per ridurre il rischio di avvelenamento consiste nell'osservare e riconoscere le piante che crescono in zone umide, dove spesso si trovano neurotossine pericolose, come nel caso della Cicuta. Chi esplora queste aree dovrebbe utilizzare guanti e lavarsi accuratamente le mani dopo aver maneggiato qualsiasi pianta.

Tossine Cardiotossiche

Le tossine cardiotossiche colpiscono il cuore, alterando il ritmo cardiaco e, in casi estremi, provocando arresto cardiaco. La **digitossina**, presente nella Digitale purpurea (Digitalis purpurea), e l'**oleandrina**, contenuta nell'Oleandro (Nerium oleander), sono entrambe tossine potenti che interferiscono con il pompaggio del cuore. Queste sostanze bloccano gli enzimi che regolano l'equilibrio ionico delle cellule cardiache, causando aritmie gravi e, se non trattate, risultando letali.

Per chi ha in giardino piante come il Digitale o l'Oleandro, una tecnica di sicurezza è limitare l'accesso a queste piante, soprattutto per bambini e animali domestici. Inoltre, è essenziale indossare guanti durante la potatura e assicurarsi di non toccare il viso dopo aver maneggiato le foglie o i fiori.

Tossine Gastrointestinali

Molte piante contengono tossine che colpiscono principalmente l'apparato gastrointestinale. La **ricina**, trovata nei semi della pianta di ricino (Ricinus communis), è una delle tossine più potenti conosciute e provoca forti dolori addominali, vomito e diarrea emorragica. Anche piccole dosi possono risultare letali, poiché la ricina inibisce la sintesi proteica nelle cellule.

Una tecnica preventiva per chi vive in aree dove il Ricino è comune, come nei climi mediterranei, è quella di evitare la manipolazione dei semi e limitare la coltivazione della pianta. Se si sospetta di aver ingerito accidentalmente un seme di ricino, è fondamentale cercare assistenza medica immediata, poiché i sintomi possono comparire anche dopo poche ore dall'ingestione.

Tossine Epatotossiche e Neftotossiche

Alcune tossine colpiscono principalmente il fegato e i reni, causando danni permanenti a questi organi vitali. Un esempio è l'**alcaloide pirrolizidinico**, presente in piante come il **Senecio** (Senecio spp.). Questa tossina danneggia le cellule epatiche, causando necrosi e, nel lungo periodo, insufficienza epatica. Altre piante velenose, come alcune varietà di **Liliaceae**, contengono composti tossici che possono danneggiare i reni, specialmente nei piccoli animali domestici come gatti e cani.

Per difendersi da queste tossine, è utile imparare a riconoscere le specie contenenti alcaloidi pirrolizidinici, specialmente nelle aree di campagna dove sono comuni piante come il Senecio. Chi vive in zone dove crescono queste piante dovrebbe assicurarsi di non raccogliere erbe o foglie sconosciute, specialmente per uso medicinale.

Tossine Irritanti per la Pelle e le Mucose

Alcune piante, come l'**Euforbia** (Euphorbia spp.), contengono tossine irritanti che causano dermatiti e ustioni sulla pelle. La linfa lattiginosa dell'Euforbia, ad esempio, è altamente irritante per la pelle e, se entra a contatto con gli occhi, può causare gravi infiammazioni. Anche l'**ortica** (Urtica dioica), pur non essendo letale, contiene acido formico e istamina, che provocano una reazione urticante dolorosa.

Per difendersi dalle tossine irritanti, è buona norma evitare il contatto diretto con queste piante, specialmente con la linfa dell'Euforbia, e indossare occhiali protettivi e guanti. In caso di contatto accidentale, lavare immediatamente la zona interessata con acqua e sapone può ridurre l'irritazione.

Conclusioni

Conoscere i meccanismi di avvelenamento delle tossine è essenziale per prevenire incidenti e per capire meglio gli effetti delle piante velenose sul corpo umano. La consapevolezza dei vari tipi di tossine e delle loro caratteristiche permette di adottare misure preventive mirate, come l'uso di guanti e l'identificazione delle piante in base agli ambienti tipici in cui crescono.

7. Impatto delle Piante Velenose sulla Salute Umana

L'impatto delle piante velenose sulla salute umana varia ampiamente a seconda della tossina coinvolta, della quantità ingerita o inalata e della parte della pianta esposta. Alcune piante velenose possono causare lievi irritazioni, mentre altre rappresentano un serio pericolo di vita, agendo rapidamente sui principali sistemi del corpo come quello nervoso, respiratorio e cardiovascolare. Riconoscere l'impatto di queste piante non è solo un esercizio teorico ma una pratica fondamentale per imparare a proteggersi, prevenire avvelenamenti accidentali e sapere come reagire in caso di contatto o ingestione.

Effetti a Breve Termine

Gli effetti a breve termine delle piante velenose possono variare da sintomi cutanei a reazioni sistemiche più gravi. Piante come l'**ortica** (Urtica dioica) o la **ruta** (Ruta graveolens) causano irritazioni cutanee a contatto, grazie alla presenza di sostanze come l'acido formico e altre sostanze urticanti. Se si tocca una pianta come l'ortica senza protezione, l'effetto immediato è una sensazione di bruciore e prurito sulla pelle. Una pratica utile per i principianti è riconoscere queste piante durante le escursioni: l'ortica, ad esempio, è facilmente identificabile grazie alle foglie seghettate e alla texture pungente.

Altre piante, come il **vischio** (Viscum album), provocano sintomi gastrointestinali come nausea, vomito e diarrea se ingerite. In quantità più elevate, queste piante possono causare effetti sistemici come abbassamento della pressione sanguigna e problemi respiratori. Chiunque sia interessato a raccogliere bacche e foglie dovrebbe conoscere e saper riconoscere il vischio, evitando di scambiarlo con piante simili, come alcune varietà di bacche commestibili.

Effetti a Lungo Termine

L'esposizione a lungo termine a tossine vegetali, anche in piccole quantità, può portare a gravi danni cronici, specialmente a carico di organi come fegato e reni. Ad esempio, gli **alcaloidi pirrolizidinici**, presenti in piante come il **Senecio** (Senecio spp.), sono tossici per il fegato e possono causare insufficienza epatica dopo un'esposizione ripetuta. Nei casi più gravi, l'accumulo di queste tossine può condurre alla formazione di tumori epatici. È consigliabile evitare il consumo di piante non identificate, soprattutto quelle utilizzate per fini erboristici, senza una conoscenza approfondita della loro sicurezza.

Anche l'**aconitina**, presente nell'**Aconito** (Aconitum napellus), può avere effetti gravi sul cuore e sul sistema nervoso se usata in modo improprio. Alcune tradizioni erboristiche usano l'Aconito in piccole dosi per scopi medicinali, ma è un utilizzo estremamente pericoloso. Per i principianti, evitare del tutto il contatto con questa pianta è la migliore tecnica preventiva, poiché anche dosi minime di aconitina possono risultare fatali.

Danni Permanenti

Alcune piante velenose possono causare danni permanenti anche dopo un'esposizione limitata. La **ricina** presente nei semi del **ricino** (Ricinus communis) è un esempio di tossina che inibisce la sintesi proteica nelle cellule umane, con effetti devastanti su reni, fegato e altri organi vitali. Ingerire anche solo un singolo seme di ricino può provocare danni irreparabili agli organi, e per questo è fondamentale riconoscere questa pianta. Una tecnica di difesa è evitare di manipolare o raccogliere i semi del ricino se presenti in giardino, e posizionare la pianta in un'area non accessibile a bambini e animali domestici.

Effetti Psicoattivi e Neurotossici

Molte piante velenose influenzano il sistema nervoso centrale e periferico, causando allucinazioni, confusione e alterazioni della percezione. La **Belladonna** (Atropa belladonna), la **Datura** (Datura stramonium) e la **Mandragora** (Mandragora officinarum) contengono alcaloidi tropanici che agiscono come potenti neurotossine. Questi alcaloidi interferiscono con la trasmissione dei segnali nervosi, provocando sintomi che spaziano dalle allucinazioni fino alla paralisi. Un principio fondamentale per i principianti è riconoscere e tenersi lontano da queste piante, in particolare quelle della famiglia delle Solanaceae, caratterizzate da bacche colorate o fiori a tromba, come nel caso della Datura.

Rischi per Bambini e Animali Domestici

Il rischio rappresentato dalle piante velenose è particolarmente elevato per i bambini e gli animali domestici, che possono ingerire parti di piante per curiosità. Piante comuni come il **tasso** (Taxus baccata), che produce bacche rosse, possono attirare l'attenzione dei bambini, ma contengono tassina, una tossina che agisce sul sistema cardiovascolare e può causare arresto cardiaco. Per chi possiede un giardino, una tecnica pratica per ridurre il rischio è limitare la coltivazione di queste piante o posizionarle in aree non accessibili ai più piccoli e agli animali.

Conclusioni

Conoscere l'impatto delle piante velenose sulla salute umana è un passo essenziale per imparare a difendersi. La consapevolezza degli effetti a breve e lungo termine delle tossine può fare la differenza tra un'esposizione accidentale e una situazione potenzialmente fatale. Per evitare rischi, è importante osservare tecniche preventive, come l'identificazione accurata delle piante e l'uso di dispositivi di protezione.

8. Ruolo Ecologico delle Piante Velenose negli Ecosistemi

Le piante velenose svolgono un ruolo cruciale all'interno degli ecosistemi naturali. La loro presenza non è casuale; al contrario, queste piante contribuiscono a mantenere un equilibrio ecologico complesso, proteggendosi da predatori, supportando la biodiversità e favorendo l'evoluzione di adattamenti specifici in varie specie animali. Conoscere il loro ruolo ecologico offre un approccio più profondo alla comprensione del loro impatto sulla natura e sull'uomo e aiuta a sviluppare un metodo di identificazione basato sugli habitat in cui le troviamo. Per chi è alle prime armi, comprendere le dinamiche ecologiche delle piante velenose è fondamentale per sapere dove è più probabile incontrarle.

Meccanismi di Difesa e Adattamento

Molte piante velenose sviluppano tossine come strategia di difesa contro predatori erbivori. Questa adattabilità consente loro di sopravvivere in ambienti dove altre specie più "appetibili" potrebbero essere facilmente distrutte dai pascoli di erbivori. Ad esempio, la **Cicuta** (Conium maculatum) produce alcaloidi altamente tossici per difendersi dagli animali che potrebbero brucarne le foglie e i fiori. È interessante notare come alcune specie animali, come il cervo e il coniglio, evitino istintivamente piante come la Cicuta. Per un osservatore, riconoscere un'area dove sono presenti piante velenose può essere semplice: in zone soggette al pascolo o alla presenza di fauna selvatica, queste piante spesso rimangono intatte, mentre le altre vegetazioni appaiono consumate.

Supporto alla Biodiversità

Contrariamente a quanto si potrebbe pensare, le piante velenose contribuiscono alla biodiversità, creando microhabitat per insetti e altri piccoli organismi che si sono adattati a convivere con esse. Alcune farfalle, come la **Monarca**, depongono le uova esclusivamente su piante di **Asclepiade** (Asclepias spp.), una pianta tossica per la maggior parte degli animali. I bruchi della Monarca sono immuni alle tossine della Asclepiade e se ne nutrono, accumulando le sostanze velenose nel proprio organismo come difesa contro i predatori. Questo esempio dimostra come le piante velenose possano favorire la specializzazione di alcune specie e incentivare la coesistenza di organismi diversi in uno stesso habitat.

Controllo della Popolazione e Selezione Naturale

Le piante velenose giocano un ruolo essenziale nel controllo della popolazione di alcune specie animali. In particolare, le piante contenenti alcaloidi, glicosidi o saponine sono spesso responsabili della mortalità naturale di animali privi di resistenza alle tossine. Ciò favorisce la selezione naturale, dove solo gli individui più resistenti o più attenti alla scelta del cibo sopravvivono. Questo fenomeno contribuisce all'evoluzione di popolazioni animali più forti e adatte al loro ambiente.

Un esempio emblematico si trova nelle praterie in cui cresce l'**Aconito** (Aconitum napellus), una pianta che contiene alcaloidi neurotossici letali per i mammiferi. Gli animali che abitano tali zone sviluppano comportamenti di evitamento, spesso trasmessi dalle madri ai piccoli, consolidando un modello di selezione naturale basato sull'esperienza e l'adattamento comportamentale.

Stabilizzazione del Suolo e Arricchimento del Suolo

Le piante velenose, come tutte le altre, contribuiscono alla stabilizzazione del suolo. Specie come l'**Euforbia** (Euphorbia spp.) crescono in terreni poveri e aridi, dove poche altre piante potrebbero sopravvivere. Grazie al loro sistema radicale esteso, queste piante aiutano a prevenire l'erosione del suolo e favoriscono la formazione di un substrato più ricco di materia organica. Inoltre, quando le foglie e i rami delle piante velenose si decompongono, rilasciano nutrienti nel terreno che beneficiano le specie circostanti, promuovendo la crescita di una varietà di vegetazione locale.

Indicatori Ecologici

Le piante velenose possono anche servire come indicatori ecologici, segnalando specifiche condizioni ambientali. Ad esempio, la presenza di **Digitale** (Digitalis purpurea) è spesso un indicatore di terreni acidi, mentre la **Cicuta** cresce tipicamente in aree umide e ricche di sostanza organica. Imparare a riconoscere queste piante e gli habitat in cui prosperano può essere una tecnica utile per chi pratica l'escursionismo o la raccolta di erbe selvatiche: un ambiente con Digitale indica un certo tipo di suolo, e sapere dove cresce la Cicuta può essere essenziale per evitare contatti indesiderati.

Il Ruolo nel Ciclo Naturale

Le piante velenose partecipano anche al ciclo naturale della morte e della decomposizione. Quando un animale soccombe alle tossine di una pianta velenosa, i resti vengono riassorbiti dall'ambiente attraverso il processo di decomposizione, arricchendo il suolo di nutrienti. Questo ciclo naturale contribuisce alla fertilità del terreno, fornendo un vantaggio alla vegetazione circostante.

Conclusioni

Il ruolo ecologico delle piante velenose dimostra che queste specie non sono semplicemente un rischio da evitare, ma componenti integrali degli ecosistemi. Capire l'importanza delle piante velenose nell'ambiente permette di sviluppare una visione più equilibrata del mondo naturale e aiuta a riconoscerle in base ai loro habitat e alle interazioni con le specie circostanti. Per chi si avvicina allo studio delle piante velenose, un'osservazione attenta degli ecosistemi locali può essere un'ottima tecnica di apprendimento.

II. Come Riconoscere le Piante Velenose: Caratteristiche Distintive

1. Foglie e Fusti: Segni Visivi delle Piante Velenose

Riconoscere le foglie e i fusti delle piante velenose è una competenza fondamentale per chiunque voglia evitare incidenti in natura o in giardino. Le foglie e i fusti di una pianta, infatti, possono fornire indizi importanti sulla sua potenziale tossicità. Alcuni tratti distintivi, come la forma, la disposizione delle foglie e la struttura dei fusti, sono caratteristiche che spesso indicano un alto grado di tossicità. Comprendere questi elementi visivi è particolarmente utile per i principianti, che possono imparare a sviluppare un occhio attento attraverso l'osservazione e la pratica.

Forme e Margini delle Foglie

Le foglie delle piante velenose presentano spesso margini seghettati, dentati o lobati, come nel caso della **Cicuta** (Conium maculatum). La Cicuta, pianta estremamente tossica, ha foglie composte simili a quelle del prezzemolo, ma con un margine finemente frastagliato. Tuttavia, un osservatore attento noterà che le foglie della Cicuta tendono a essere più grandi e più fitte rispetto a quelle delle piante commestibili simili, e hanno un leggero odore sgradevole quando vengono schiacciate. Questo è un esempio concreto di come piccoli dettagli possano fare una grande differenza nell'identificazione.

Un altro esempio è la **Belladonna** (Atropa belladonna), una pianta velenosa nota per le sue foglie ovali e lisce, con margini interi. La Belladonna possiede foglie grandi e alterne, e spesso cresce in ambienti ombrosi. Per il principiante, è utile ricordare che le piante dalle foglie scure, larghe e spesse, come la Belladonna, tendono a essere potenzialmente tossiche.

Struttura e Colore dei Fusti
Il fusto delle piante velenose può presentare caratteristiche distintive, come macchie, peluria o consistenza particolare. La **Cicuta maculata** (Conium maculatum), ad esempio, ha un fusto cavo e presenta macchie rosso-violacee. Questa caratteristica è un indicatore particolarmente utile, poiché pochi altri fusti in natura hanno lo stesso aspetto. Una tecnica pratica per i principianti è toccare con attenzione il fusto della pianta con un oggetto, come un bastoncino, per verificare la presenza di macchie o la consistenza del fusto senza rischiare il contatto diretto.

Alcune piante velenose, come l'**Aconito** (Aconitum napellus), hanno fusti sottili e non ramificati che si sviluppano in altezza. L'Aconito presenta anche un fusto verde scuro, spesso glabro, che può sembrare innocuo. Tuttavia, è fondamentale imparare a identificare la struttura eretta e solitaria di questi fusti, poiché un contatto diretto con la pianta può essere pericoloso. Per evitare rischi, una tecnica utile è quella di usare guanti durante l'esplorazione delle piante, riducendo la possibilità di contatto con fusti potenzialmente velenosi.

Disposizione delle Foglie

La disposizione delle foglie lungo il fusto è un altro segno visivo da considerare. Nelle piante velenose, le foglie possono essere alterne, opposte o disposte a rosetta basale. La **Digitale** (Digitalis purpurea), per esempio, ha foglie che si sviluppano a rosetta alla base della pianta, con foglie allungate e vellutate. Questa disposizione è tipica di piante tossiche come la Digitale, che contiene glicosidi cardiaci pericolosi per l'uomo. Notare come le foglie siano distribuite può essere una tecnica pratica per distinguere una pianta velenosa da una commestibile, poiché la disposizione spesso influisce sull'aspetto complessivo della pianta.

Colore delle Foglie

Il colore può anche essere un indicatore, poiché alcune piante velenose possiedono foglie di un verde particolarmente scuro o opaco, come l'**Elléboro** (Helleborus spp.). L'Elléboro ha foglie grandi, spesse e coriacee, di un verde scuro che non riflette la luce come altre piante. Questo dettaglio può sembrare insignificante, ma per un occhio esperto è un indizio che può aiutare a distinguere una pianta velenosa. Anche le sfumature rossastre o violacee presenti sui bordi delle foglie, come accade in alcune specie di **Ranunculus**, possono segnalare la tossicità.

Peluria e Texture delle Foglie

Infine, la presenza di peluria sulle foglie può segnalare potenziali pericoli. La **Datura** (Datura stramonium), ad esempio, ha foglie grandi e ricoperte da una peluria sottile che può causare irritazione cutanea. Questa pianta, altamente velenosa, cresce in terreni disturbati e si distingue per le sue foglie dentate e vellutate al tatto. Per evitare rischi, una tecnica pratica è evitare di toccare le foglie di piante non identificate, specialmente quelle che presentano peluria o un aspetto vellutato.

Conclusioni

Riconoscere le piante velenose attraverso l'osservazione delle foglie e dei fusti richiede attenzione e conoscenza dettagliata delle caratteristiche specifiche. Imparare a distinguere questi tratti distintivi consente di identificare rapidamente una pianta potenzialmente tossica e prendere le dovute precauzioni. Per i principianti, dedicare del tempo all'osservazione e all'analisi visiva delle foglie e dei fusti è una delle tecniche più efficaci per aumentare la sicurezza durante le esplorazioni naturalistiche.

2. Forma e Colore dei Fiori: Indicatori di Potenziale Tossicità

Riconoscere le piante velenose attraverso la forma e il colore dei loro fiori è una tecnica utile che può aiutare chiunque, anche i principianti, a evitare contatti pericolosi. I fiori, infatti, offrono informazioni visive preziose: alcuni colori e strutture floreali sono tipici di piante tossiche e possono fungere da avvertimento naturale per coloro che sanno cosa osservare. Conoscere queste caratteristiche distintive è essenziale per individuare le principali piante velenose italiane e non solo.

Forme dei Fiori: Campanulati, Tubulari e Umbrelliformi

La forma dei fiori è uno degli elementi principali che può suggerire la tossicità di una pianta. Molte piante velenose presentano fiori campanulati, tubulari o a forma di ombrello. La **Digitale** (Digitalis purpurea), ad esempio, è una pianta che cresce in molte zone temperate e produce fiori tubulari di colore viola o rosa, disposti a grappolo. I suoi fiori a forma di campanula, che ricordano piccole dita di guanto (da cui il nome "digitale"), possono attirare l'attenzione per la loro bellezza, ma contengono potenti glicosidi cardiaci. Per evitare rischi, è importante che i principianti imparino a riconoscere questa forma tubulare come potenziale indicatore di tossicità.

Un'altra pianta dalla forma floreale caratteristica è l'**Aconito** (Aconitum napellus), con fiori simili a piccoli elmi. L'Aconito è noto per la sua velenosità estrema: anche solo toccare la pianta senza guanti può causare effetti tossici. I suoi fiori, di un blu intenso e dall'aspetto simile a elmi o cappucci, sono un chiaro segnale di avvertimento per chi sa riconoscerli. I principianti possono esercitarsi a identificare queste forme floreali insolite come misura di sicurezza durante escursioni o passeggiate in giardino.

Colori dei Fiori: Il Richiamo della Velenosità

Alcuni colori dei fiori sono comunemente associati a piante velenose, e per buone ragioni. I fiori di colore viola, blu intenso, rosso acceso o giallo brillante sono spesso presenti in piante tossiche. Questi colori vivaci, sebbene attraenti, possono avere una funzione di avvertimento, segnalando la presenza di composti tossici.

La **Belladonna** (Atropa belladonna), per esempio, ha piccoli fiori campanulati di colore viola scuro, spesso con venature rosse o brune all'interno. Questi fiori sono un segno di allarme per chi conosce la pianta, poiché la Belladonna contiene alcaloidi estremamente tossici. Per il principiante, imparare a riconoscere questo colore viola profondo associato alla Belladonna può essere un utile strumento di difesa.

Anche l'**Oleandro** (Nerium oleander), comunemente coltivato come pianta ornamentale, presenta fiori rosa brillante o bianchi che sembrano invitanti ma che contengono glicosidi velenosi. I principianti dovrebbero prestare attenzione ai fiori dai colori vivaci e sgargianti, ricordando che il fascino esteriore può nascondere una minaccia per la salute. Anche un minimo contatto con le foglie, i fiori o il nettare dell'Oleandro può causare avvelenamenti gravi.

Segni Visibili nei Fiori: Macchie e Venature

Oltre alla forma e al colore, anche segni specifici come macchie o venature all'interno dei fiori possono essere indicativi di piante tossiche. Molte piante velenose sviluppano motivi visibili che sembrano attrarre insetti impollinatori, ma che in realtà sono segnali di tossicità per altre specie. Ad esempio, i fiori di **Datura** (Datura stramonium) presentano venature scure che attraversano i petali bianchi o viola, conferendo loro un aspetto insolito. La Datura, nota per i suoi alcaloidi tropanici, è pericolosa anche solo al contatto. Osservare attentamente le venature o le macchie nei fiori è una tecnica che può aiutare i principianti a distinguere le piante sicure da quelle nocive.

Periodo di Fioritura e Habitat

Le piante velenose spesso fioriscono in determinati periodi dell'anno e in specifici habitat. La **Cicuta** (Conium maculatum), ad esempio, produce piccoli fiori bianchi riuniti in ombrelle tra la tarda primavera e l'estate, soprattutto in aree umide e incolte. Il tipico aspetto ombrelliforme di questi fiori, unito alla fioritura estiva, è un buon indicatore della potenziale tossicità della pianta. Imparare a riconoscere il periodo di fioritura di una pianta velenosa, così come l'habitat in cui tende a crescere, rappresenta un'altra tecnica efficace per l'identificazione. I principianti possono trarre beneficio dall'osservazione stagionale per sapere quando essere particolarmente cauti.

Conclusioni

Riconoscere le piante velenose attraverso la forma e il colore dei loro fiori è una pratica che richiede attenzione ai dettagli, ma che può offrire una protezione importante contro potenziali avvelenamenti. Sapere che forme campanulate, colori accesi e venature insolite possono essere segnali di tossicità permette di sviluppare una sensibilità visiva utile per esploratori, giardinieri e appassionati della natura. Conoscere e applicare queste tecniche pratiche è un primo passo essenziale per muoversi con sicurezza negli ambienti naturali.

3. Bacche e Frutti: Come Distinguere le Piante Velenose da Quelle Commestibili

Le bacche e i frutti sono una delle categorie di piante più facilmente riconoscibili e apprezzate, sia in natura che nei giardini. Tuttavia, è fondamentale sapere che molte piante con frutti attraenti possono essere tossiche o addirittura mortali. Distinguere tra bacche e frutti commestibili e quelli velenosi è una competenza essenziale per chiunque desideri esplorare l'ambiente naturale o raccogliere prodotti vegetali. Questo paragrafo esplorerà le caratteristiche visive delle bacche e dei frutti velenosi, fornendo esempi pratici e tecniche per aiutare i principianti a fare scelte sicure.

Colore delle Bacche e dei Frutti

Il colore è uno degli indicatori più immediati da considerare quando si valutano bacche e frutti. Sebbene molte bacche rosse e blu siano commestibili, altre possono essere altamente tossiche. Un esempio comune è il **Tasso** (Taxus baccata), le cui bacche rosse lucide possono sembrare appetitose ma contengono una tossina letale. Le sue bacche, sebbene invitanti, sono avvolte da un arillo carnoso che non è tossico, mentre i semi all'interno sono altamente velenosi. Questo è un chiaro esempio di come il colore possa ingannare: è cruciale informarsi sui dettagli specifici di ogni pianta per evitare di confondere frutti sicuri con quelli pericolosi.

Un'altra pianta da osservare è la **Belladonna** (Atropa belladonna), che produce bacche nere lucide. Sebbene il frutto possa sembrare allettante, la pianta è notoriamente tossica. I principianti possono beneficiare di un'analisi attenta: le bacche di Belladonna hanno una forma rotonda e lucida, ma la pianta stessa presenta foglie ovali e fiori campanulati che possono fungere da indicatori di avvertimento. Imparare a identificare le caratteristiche della pianta madre è essenziale per evitare confusione.

Dimensioni e Forma delle Bacche

Le dimensioni e la forma delle bacche sono altri fattori da considerare. Molte piante tossiche presentano bacche piccole e tonde, come la **Pyracantha** (Pyracantha spp.), che produce bacche arancioni o rosse. Anche se non tutte le piante della famiglia delle Rosaceae sono tossiche, alcune varietà di Pyracantha contengono sostanze chimiche irritanti. La dimensione e la forma possono essere indicatori utili: le bacche più piccole e a grappolo tendono a richiedere maggiore cautela rispetto a quelle più grandi e più distanziate.

La **Datura** (Datura stramonium) è un altro esempio di pianta che presenta frutti velenosi. I suoi frutti, simili a capsule spinose, contengono semi altamente tossici. La forma spinoso delle capsule è una caratteristica distintiva che dovrebbe avvisare i principianti a non avvicinarsi. Imparare a riconoscere queste forme particolari e le loro dimensioni può proteggere dall'ingestione accidentale di frutti tossici.

Teste di Assaggio e Esperimenti Visivi
Una delle tecniche pratiche per distinguere bacche e frutti velenosi da quelli commestibili è il metodo del "test di assaggio", che consiste nel prendere piccole quantità di frutta per verificare la sua commestibilità. Tuttavia, questo metodo non è consigliato per i principianti, poiché molte bacche velenose possono provocare gravi reazioni anche con un piccolo assaggio. Un approccio più sicuro è quello di osservare le caratteristiche visive e analizzare i comportamenti degli animali nei confronti di certe piante. Se gli uccelli o altri animali si nutrono di certe bacche, è probabile che siano sicure. Tuttavia, non è una regola ferrea, poiché alcune piante possono essere tossiche per l'uomo ma non per altre specie.

Un altro metodo sicuro è quello di utilizzare risorse botaniche, come guide di campo, per identificare correttamente le piante. Queste guide offrono fotografie dettagliate e informazioni sulle caratteristiche di ogni pianta, inclusi dettagli sui frutti e le bacche. Raccogliere immagini e prendere appunti sulle piante che si incontrano durante escursioni o passeggiate è un buon modo per costruire una conoscenza visiva delle piante locali. La familiarità visiva, unita alla consultazione di guide e risorse, è un metodo efficace per evitare errori.

Contesto e Habitat delle Piante

Le piante velenose crescono spesso in specifici habitat, e conoscere questi luoghi è un altro strumento utile per i principianti. La **Cicuta** (Conium maculatum), ad esempio, cresce in zone umide e paludose, e le sue piccole bacche sono spesso poco visibili. Conoscere l'habitat naturale delle piante è cruciale per la sicurezza. La stessa cosa vale per il **Ruscus** (Ruscus aculeatus), le cui bacche rosse possono sembrare innocue, ma la pianta è nota per le sue proprietà tossiche. I principianti dovrebbero prendere nota delle caratteristiche ambientali delle piante e osservare attentamente dove crescono per evitare aree potenzialmente pericolose.

Conclusioni

Distinguere tra bacche e frutti velenosi e quelli commestibili è un'abilità vitale per la sicurezza, specialmente per chi ama trascorrere tempo all'aperto. Analizzare il colore, la forma, la dimensione e l'habitat delle piante, così come adottare un approccio di osservazione attenta, sono tutte tecniche utili per evitare il rischio di avvelenamento. Conoscere le caratteristiche specifiche delle piante velenose e praticare una cautela costante possono garantire esperienze più sicure e piacevoli in natura.

4. Odori e Resine: Identificazione Attraverso il Senso dell'Olfatto

L'olfatto è uno dei sensi meno utilizzati nella classificazione delle piante, eppure può rivelarsi estremamente utile per distinguere le piante velenose da quelle commestibili. I profumi e le resine emesse da diverse specie vegetali possono fornire indizi preziosi sulla loro tossicità. In questo paragrafo, esploreremo come utilizzare l'olfatto per identificare piante potenzialmente pericolose, presentando esempi pratici e tecniche per i principianti.

Odori Distintivi delle Piante Velenose

Molte piante velenose emettono odori caratteristici che possono fungere da segnali di avvertimento. Un esempio noto è rappresentato dalla **Cicuta** (Conium maculatum). Questa pianta, che cresce in luoghi umidi e ombreggiati, rilascia un odore simile a quello delle carote o delle piante di sedano quando le sue foglie vengono schiacciate. Tuttavia, nonostante il suo profumo relativamente innocuo, la cicuta è estremamente tossica e può essere letale se ingerita. Imparare a riconoscere il suo odore distintivo è un primo passo fondamentale per evitarne il contatto.

Un'altra pianta velenosa con un odore caratteristico è l'**Arum** (Arum maculatum), comunemente noto come "cucchiaio di san Giuseppe". Quando le sue foglie vengono schiacciate, emettono un profumo forte e sgradevole, simile a quello di carne in decomposizione, una strategia evolutiva che attrae insetti impollinatori e scoraggia i mammiferi erbivori. Anche se il suo profumo può sembrare offensivo per l'olfatto umano, rappresenta un chiaro segnale di avvertimento: le parti della pianta sono tossiche e non dovrebbero essere consumate. Per i principianti, identificare e ricordare questi odori sgradevoli è una tecnica essenziale per mantenere la sicurezza durante l'esplorazione della flora locale.

Resine e Sostanze Volatili

Oltre agli odori, la presenza di resine o sostanze volatili è un altro indicatore importante da considerare. Alcune piante velenose, come l'**Oleandro** (Nerium oleander), producono resine aromatiche che possono rilasciare un odore dolce e floreale, attraente per gli esseri umani. Tuttavia, questa pianta è altamente tossica e può causare gravi avvelenamenti. Imparare a distinguere gli odori dolci e allettanti da quelli potenzialmente pericolosi è cruciale.

La **Belladonna** (Atropa belladonna) è un altro esempio di pianta con resine aromatiche. Quando le foglie vengono schiacciate, emanano un profumo intenso e dolciastro, che può indurre in errore chi non è esperto. I principianti dovrebbero esercitarsi a riconoscere l'odore e associare questa informazione alla consapevolezza della tossicità della pianta. Inoltre, è fondamentale adottare un approccio cauto: mai toccare o annusare piante sconosciute senza avere la certezza della loro identità.

Senso dell'Olfatto in Pratica
Per sviluppare l'abilità di riconoscere le piante velenose attraverso l'olfatto, è utile praticare in sicurezza. Un buon approccio consiste nell'esplorare aree naturali e dedicare del tempo a osservare le piante e a testare gli odori. Se possibile, portare con sé una guida botanica per confrontare gli odori e le caratteristiche visive. È importante non assaporare mai piante sconosciute, anche se l'odore è gradevole.

Un esercizio utile consiste nel raccogliere piccole foglie di piante comuni e schiacciarle delicatamente per rilasciare il loro profumo. Annotare le impressioni e confrontare le piante per scoprire quali odori sono associati a quali specie. Ad esempio, provare a identificare l'odore del **Rabarbaro** (Rheum rhabarbarum), che ha un aroma pungente e rinfrescante, rispetto all'odore dolce dell'**Oleandro**. Creare un elenco di odori e piante può aiutare a costruire una mappa olfattiva personale, che risulterà utile durante future esplorazioni.

Riconoscimento Olfattivo in Situazioni di Emergenza

In caso di avvelenamento accidentale o esposizione a piante tossiche, il riconoscimento degli odori può essere di grande aiuto per i soccorritori e per chi si occupa della salute. Sapere che una pianta specifica ha un odore dolce o rancido può accelerare l'identificazione della fonte di tossicità e consentire un intervento rapido. Questo sottolinea l'importanza di educare il pubblico non solo sulle caratteristiche visive delle piante, ma anche sull'utilizzo del senso dell'olfatto come strumento di sicurezza.

Conclusioni

Identificare le piante velenose attraverso odori e resine è una tecnica utile e spesso sottovalutata. Sviluppare questa abilità può migliorare la sicurezza degli esploratori e degli amanti della natura, fornendo ulteriori strumenti per riconoscere e rispettare l'ambiente naturale. Conoscere gli odori distintivi di piante velenose e quelle sicure permette di evitare il rischio di avvelenamento e favorisce un approccio più consapevole all'interazione con la flora. L'olfatto, spesso trascurato, può rivelarsi un alleato prezioso nella lotta contro l'avvelenamento da piante tossiche.

5. Distribuzione Geografica e Habitat Tipici delle Specie Velenose

La distribuzione geografica delle piante velenose è influenzata da diversi fattori, tra cui il clima, il tipo di suolo e le condizioni ecologiche. Comprendere dove si trovano queste piante è fondamentale per chiunque desideri riconoscerle e proteggersi da eventuali avvelenamenti. In questo paragrafo, esploreremo gli habitat tipici delle specie velenose, fornendo esempi pratici e tecniche per principianti che vogliono apprendere come navigare in ambienti naturali.

Habitat delle Piante Velenose in Italia

In Italia, le piante velenose possono essere trovate in una varietà di habitat, dai boschi umidi alle zone aride. La **Belladonna** (Atropa belladonna), ad esempio, è comunemente presente in boschi e terreni incolti, spesso in ombra. Riconoscerne l'habitat è importante per evitarla: di solito cresce in zone con alta umidità e suolo ricco di sostanze organiche. Le sue foglie, ovate e lucide, possono facilmente ingannare i principianti, rendendo essenziale una conoscenza approfondita della pianta e del suo ambiente.

Un altro esempio è la **Cicuta** (Conium maculatum), che predilige le zone paludose e le rive dei corsi d'acqua. Questo habitat umido è perfetto per la cicuta, che può crescere fino a due metri di altezza. La pianta ha fusti robusti e maculati, ma è il suo ambiente a rivelare la sua presenza. Imparare a riconoscere i corsi d'acqua e i terreni umidi dove la cicuta cresce può aiutare a evitare pericoli. Per i principianti, è consigliabile evitare di avventurarsi in zone umide senza la guida di esperti o di una mappa botanica.

Piante Velenose in Habitat Urbani

Le piante velenose non si trovano solo in ambienti naturali, ma anche in contesti urbani. La **Ricinus** (Ricinus communis), conosciuta anche come ricino, è un esempio di pianta velenosa comune nei giardini e nei parchi. Questa pianta è facilmente riconoscibile grazie alle sue foglie larghe e dentate, di un verde intenso, e ai suoi frutti spinosi. Sebbene il ricino venga spesso piantato come decorazione, i suoi semi sono altamente tossici. Per riconoscere il ricino, i principianti dovrebbero prestare attenzione non solo alla pianta stessa, ma anche alla sua posizione in giardini pubblici o privati.

Inoltre, l'**Oleandro** (Nerium oleander) è un'altra pianta velenosa spesso utilizzata come pianta ornamentale in giardini e aiuole. Questa pianta produce fiori rosa o bianchi e ha un profumo dolce e invitante, ma è altamente tossica. I principianti dovrebbero imparare a identificare l'oleandro per evitarne il contatto, soprattutto in aree frequentate da bambini e animali domestici. In caso di esposizione, è importante sapere che tutte le parti della pianta sono velenose e possono causare gravi reazioni se ingerite.

Distribuzione Globale delle Piante Velenose
A livello globale, la distribuzione delle piante velenose è altrettanto varia. Specie come la **Cicuta acquatica** (Cicuta maculata) si trovano in Nord America e crescono in ambienti acquatici. È fondamentale che chi viaggia o si avventura in altre parti del mondo sia consapevole delle piante velenose locali e dei loro habitat. Riconoscere il loro aspetto e il luogo in cui prosperano può prevenire situazioni pericolose.

In Australia, la **Cicuta del mare** (Conium marinum) cresce in habitat costieri e acquatici, rendendo importante la conoscenza della sua distribuzione per chi esplora le spiagge. Le piante velenose come queste hanno sviluppato strategie di adattamento uniche per prosperare nei loro habitat, e comprendere le loro necessità ecologiche può fornire indizi su dove cercarle e su come evitarle.

Tecniche per Riconoscere Habitat Velenosi

Per i principianti, è essenziale sviluppare tecniche di osservazione che aiutino a identificare gli habitat delle piante velenose. Una buona pratica è quella di esplorare con un esperto botanico o partecipare a escursioni guidate. Le applicazioni per smartphone dedicate all'identificazione delle piante possono essere strumenti utili per riconoscere le piante velenose, inclusi i loro habitat.

Inoltre, è utile annotare la posizione e le caratteristiche delle piante osservate in un diario botanico. Questa pratica aiuta a costruire una mappa personale delle piante velenose e dei loro habitat, rendendo più facile evitarle in futuro. Durante le escursioni, mantenere una distanza di sicurezza dalle piante sconosciute e non toccarle è una regola d'oro per chiunque desideri esplorare la natura in sicurezza.

Conclusioni

La comprensione della distribuzione geografica e degli habitat tipici delle piante velenose è fondamentale per chi desidera esplorare il mondo naturale in sicurezza. Imparare a riconoscere le piante velenose, sia in ambienti naturali che urbani, è una competenza essenziale. Utilizzare tecniche pratiche di osservazione e documentazione può aiutare i principianti a navigare in modo sicuro negli ecosistemi, contribuendo a una maggiore consapevolezza e protezione contro i rischi associati a queste piante.

6. Simbiosi e Presenza di Insetti Specifici come Indizio di Tossicità

Nel mondo vegetale, le interazioni tra piante e insetti sono complesse e varie. Alcune piante velenose sviluppano relazioni simbiotiche con insetti specifici, i quali non solo possono aiutare a identificare la pianta, ma anche indicare la presenza di tossine. Comprendere queste dinamiche è cruciale per chi desidera riconoscere le piante velenose e proteggersi da potenziali avvelenamenti. In questo paragrafo, esploreremo come la simbiosi tra piante e insetti possa fornire indizi sulla tossicità delle piante e offriremo tecniche pratiche per principianti.

Simbiosi: Relazioni tra Piante e Insetti

Le piante velenose spesso stabiliscono relazioni con insetti che si nutrono delle loro foglie, fiori o frutti. Questi insetti possono essere attratti dalle tossine che la pianta produce come strategia di difesa. Ad esempio, la **Digitalis purpurea**, comunemente nota come digitale, è una pianta velenosa che attira gli insetti impollinatori grazie ai suoi fiori attraenti. Questi fiori non solo forniscono una risorsa di cibo per gli insetti, ma contengono anche sostanze chimiche tossiche per gli animali e gli esseri umani. Le foglie della digitale contengono glicosidi cardiaci, che sono letali se ingeriti.

Per un principiante, notare la presenza di insetti impollinatori su una pianta può essere un segnale che la pianta potrebbe essere potenzialmente tossica. Tuttavia, è importante considerare che non tutte le piante che attraggono insetti sono velenose; pertanto, è essenziale accompagnare l'osservazione di insetti con altri segni distintivi della pianta.

Insetti Specializzati: Indicatori di Tossicità

Alcuni insetti sono specializzati nell'alimentarsi di piante velenose e hanno sviluppato meccanismi di tolleranza o resistenza alle tossine. Un esempio noto è il **Marocchino delle punte** (Papilio machaon), una farfalla che si nutre delle foglie di piante velenose come il **Cicuta**. Questi insetti possono accumulare sostanze tossiche nel loro corpo, rendendoli anch'essi tossici per i predatori. La presenza di tali insetti su una pianta può essere un indicatore di tossicità. I principianti possono imparare a riconoscere queste farfalle e ad associare la loro presenza a piante potenzialmente pericolose.

Un altro esempio è l'**Afide della valeriana** (Macrosiphum euphorbiae), un insetto che si nutre di piante come la **Valeriana officinalis**, che contiene composti chimici considerati tossici in alte concentrazioni. Gli afidi sono facilmente riconoscibili per le loro piccole dimensioni e il loro colore verde. L'osservazione della presenza di questi insetti sulle piante può suggerire che la pianta ha sviluppato strategie chimiche di difesa contro erbivori e può essere un segnale di tossicità.

Tecniche per Riconoscere le Piante Velenose Tramite Insetti

Per i principianti che vogliono imparare a riconoscere le piante velenose tramite la presenza di insetti, è utile sviluppare alcune tecniche di osservazione. Innanzitutto, è importante avere una guida visiva delle piante velenose locali e degli insetti che le popolano. Questo può includere libri di botanica o app per smartphone specializzate nell'identificazione delle piante e degli insetti.

In secondo luogo, si consiglia di tenere un diario di osservazione. Annotare i dettagli delle piante e degli insetti osservati, inclusi i colori, le forme e le dimensioni, può aiutare a costruire una base di conoscenza. Questo approccio pratico migliora la capacità di riconoscere modelli e relazioni tra piante e insetti.

Un'altra tecnica utile è quella di partecipare a escursioni botaniche o a corsi di formazione specifici. Questi eventi offrono l'opportunità di imparare da esperti e di osservare dal vivo le interazioni tra piante e insetti. Durante queste escursioni, è fondamentale porre domande e approfondire le proprie conoscenze su quali piante possano essere velenose e quali insetti le frequentano.

Esempi Pratici di Simbiosi e Tossicità

Un esempio pratico di come la simbiosi tra piante e insetti possa indicare tossicità è la **Cannella di Ceylon** (Cinnamomum verum). Questa pianta attira diversi insetti, tra cui le api, che si nutrono del nettare. Anche se la cannella è utilizzata per le sue proprietà aromatiche e medicamentose, le sue foglie e corteccia contengono composti che, se assunti in quantità elevate, possono risultare tossici. Gli appassionati di botanica dovrebbero prestare attenzione a questa pianta e ai suoi impollinatori, poiché una comprensione approfondita della simbiosi può prevenire pericoli.

Conclusioni

La comprensione delle relazioni simbiotiche tra piante velenose e insetti è fondamentale per chi desidera esplorare il mondo naturale in sicurezza. Riconoscere la presenza di insetti specifici su piante può fornire indizi utili sulla tossicità delle piante e migliorare le capacità di identificazione. Attraverso l'osservazione attenta e l'educazione continua, anche i principianti possono imparare a navigare in modo sicuro nei loro ambienti, evitando i rischi associati alle piante velenose.

7. Test di Resistenza: Riconoscere le Piante Velenose Attraverso le Reazioni

Il contatto con piante velenose può scatenare una serie di reazioni cutanee, che variano da lievi irritazioni a reazioni allergiche severe. Comprendere come riconoscere queste piante attraverso i sintomi cutanei è fondamentale per chiunque desideri esplorare la natura in sicurezza. Questo paragrafo esplorerà i vari tipi di reazioni cutanee che possono verificarsi in seguito al contatto con piante velenose, offrendo tecniche pratiche per principianti e avvertendo su quali precauzioni adottare.

Comprendere le Reazioni Cutanee

Le reazioni cutanee alle piante velenose sono il risultato di sostanze chimiche tossiche presenti in alcune specie vegetali. Queste sostanze possono causare irritazione, allergie o persino intossicazione. Alcuni dei composti chimici responsabili di queste reazioni includono:

- **Furanocumarine:** presenti in piante come la **Pastinaca sativa** (pastinaca), possono causare reazioni cutanee quando la pelle è esposta alla luce solare. Queste sostanze aumentano la sensibilità della pelle alla luce UV, provocando eritemi o vescicole.

- **Alcaloidi:** piante come la **Belladonna** contengono alcaloidi che possono irritare la pelle e causare reazioni allergiche. Il contatto diretto può portare a rossore, gonfiore e prurito.

- **Saponine:** presenti in piante come il **Ruscus aculeatus**, possono causare reazioni cutanee irritative, manifestandosi come prurito o arrossamento.

Tecniche Pratiche per il Riconoscimento

1. **Osservazione Attenta:** Prima di toccare o maneggiare una pianta sconosciuta, osservare attentamente le sue caratteristiche. Alcune piante velenose hanno foglie, fiori o frutti che possono essere distintivi. Ad esempio, la **Ricinus communis** (ricino) presenta foglie a forma di palma e frutti spinosi. La sua tossicità è tale che un semplice contatto può provocare irritazione cutanea.

2. **Test di Resistenza:** I principianti possono eseguire un test di resistenza in modo sicuro, seguendo questi passaggi:

    - **Selezionare una Piccola Area della Pelle:** Scegliere una parte della pelle (ad esempio, l'avambraccio) per testare la pianta. Questo deve essere fatto in un luogo tranquillo e lontano da fonti di distrazione.

- **Contatto Diretto:** Con un guanto di protezione o usando un attrezzo come un bastoncino, sfiorare delicatamente la pianta per evitare il contatto diretto. Se possibile, toccare solo una piccola area delle foglie, evitando il contatto con fiori e frutti, che possono essere più concentrati in tossine.

- **Osservare le Reazioni:** Dopo circa 24 ore, controllare l'area di contatto per eventuali reazioni cutanee. Segni di arrossamento, gonfiore o prurito indicano che la pianta potrebbe essere velenosa.

3. **Documentazione delle Reazioni:** È utile tenere un diario delle reazioni cutanee a contatto con piante diverse. Annotare il tipo di pianta, i sintomi manifestati e la durata delle reazioni può aiutare a sviluppare una conoscenza pratica delle piante velenose locali.

Esempi Pratici di Piante Velenose e le Loro Reazioni

- **Urtica Dioica (Ortica):** Il contatto con l'ortica provoca una reazione immediata, caratterizzata da bruciore e prurito intenso. Le foglie di questa pianta contengono peli urticanti che rilasciano sostanze chimiche irritanti al contatto. Questo è un chiaro esempio di come una pianta velenosa possa influenzare la pelle.

- **Toxicodendron radicans (Edera velenosa):** Anche un tocco leggero di edera velenosa può provocare dermatite da contatto, manifestandosi con prurito, arrossamento e vesciche. È importante riconoscere questa pianta, che ha foglie a forma di trifoglio e cresce spesso in aree boschive.

Precauzioni da Prendere

1. **Usare Guanti:** Quando si esplorano aree con piante velenose, indossare guanti protettivi è fondamentale. Questo previene il contatto diretto e riduce il rischio di reazioni cutanee.

2. **Evitare il Contatto con la Pelle:** Se si sospetta di aver toccato una pianta velenosa, è importante lavare immediatamente la zona con acqua e sapone. Questo aiuta a rimuovere le sostanze chimiche prima che possano causare reazioni.

3. **Consultare un Professionista:** Se si manifestano reazioni cutanee gravi o persistenti, è sempre consigliabile consultare un medico o un esperto di tossicologia per valutare la situazione e ricevere il trattamento adeguato.

Conclusioni

Riconoscere le piante velenose attraverso le reazioni cutanee è un'abilità utile per chi desidera esplorare il mondo naturale in sicurezza. Attraverso l'osservazione attenta e l'esecuzione di test di resistenza, i principianti possono imparare a identificare le piante potenzialmente tossiche. Adottando precauzioni e tecniche di riconoscimento, è possibile ridurre i rischi associati all'interazione con piante velenose e godere della bellezza della natura in modo responsabile e sicuro.

8. Differenze tra Piante Velenose e Piante Medicinali: Evitare Confusioni Pericolose

Nell'ambito delle piante, esiste una distinzione cruciale tra piante velenose e piante medicinali. Comprendere queste differenze è fondamentale non solo per la sicurezza personale, ma anche per un uso consapevole e responsabile delle risorse naturali. Questo paragrafo esplorerà in dettaglio come riconoscere e distinguere le piante velenose da quelle medicinali, fornendo esempi pratici e tecniche per principianti.

Comprendere la Distinzione

Le piante velenose sono quelle che contengono sostanze chimiche tossiche, capaci di causare danni all'organismo umano e animale se ingerite, toccate o in alcuni casi, semplicemente respirate. Al contrario, le piante medicinali sono utilizzate per le loro proprietà terapeutiche e possono essere somministrate in modo sicuro, ma solo con le dovute precauzioni e nel giusto dosaggio.

Proprietà Tossiche vs. Proprietà Curative

Una pianta velenosa come la **Aconitum napellus** (aconito) contiene alcaloidi che possono portare a grave avvelenamento. Anche una piccola quantità ingerita può essere letale. D'altro canto, piante come la **Camomilla** (Matricaria chamomilla) sono utilizzate per le loro proprietà lenitive e antinfiammatorie, e sono generalmente sicure se usate correttamente.

Esempi di Piante Velenose e Medicinali

- **Piante Velenose:**

    - **Ricinus communis (Ricino):** contiene la tossina ricina, che è altamente tossica. Anche l'ingestione di una sola seme può essere fatale.

    - **Atropa belladonna (Belladonna):** contiene alcaloidi come la atropina, che possono causare allucinazioni e, in casi estremi, morte.

- **Piante Medicinali:**

    - **Echinacea purpurea:** utilizzata per rinforzare il sistema immunitario e combattere le infezioni.

    - **Allium sativum (Aglio):** conosciuto per le sue proprietà antibatteriche e antinfiammatorie, è spesso impiegato nella medicina tradizionale.

Tecniche Pratiche per Riconoscere le Differenze

1. **Studiare le Caratteristiche Botaniche:** È essenziale familiarizzare con le caratteristiche botaniche delle piante, come foglie, fiori e frutti. Le piante velenose spesso presentano colori vivaci o forme strane che possono allertare sulla loro tossicità. Ad esempio, la **Digitalis purpurea** (digitale) ha fiori a forma di campana di un viola intenso, ma è mortale se ingerita.

2. **Conoscere le Fonti di Informazione:** Utilizzare risorse affidabili come libri di botanica, guide di campo e app dedicate alla flora locale può aiutare a identificare correttamente le piante. La consultazione di esperti in botanica o erboristeria è anche una buona pratica per evitare confusioni.

3. **Osservare l'Habitat:** Molte piante velenose prosperano in habitat specifici. Ad esempio, la **Conium maculatum** (stramonio) è spesso trovata in terreni umidi e paludosi. Sapere dove cercare può aiutare a evitare piante potenzialmente tossiche.

Riconoscere Situazioni di Confusione

La confusione tra piante velenose e medicinali è spesso causata da somiglianze nelle caratteristiche visive. Una pianta comunemente fraintesa è la **Belladonna**, che ha frutti simili a quelli di pomodoro, ma è estremamente tossica. In questi casi, è fondamentale:

- **Evitare l'Autodiagnosi:** Non provare a utilizzare piante sconosciute a scopi medicinali senza una corretta identificazione. La cautela è d'obbligo, poiché la stessa pianta può avere diverse varietà, alcune delle quali possono essere velenose.

- **Testare in Piccole Quantità:** Se si sospetta che una pianta sia medicinale, è sempre meglio testare in piccole quantità, dopo aver consultato fonti affidabili.

Esempi di Errore Comune

- **Arum maculatum (Giunchiglia):** Questa pianta presenta baccelli che possono sembrare commestibili, ma sono altamente tossici. La confusione è comune, specialmente quando si osservano le baccelli durante la stagione estiva.

- **Silybum marianum (Cardo mariano):** Sebbene sia conosciuto per i suoi effetti positivi sul fegato, le sue foglie possono essere confuse con quelle di piante simili che sono velenose. Un'attenta osservazione è necessaria per evitare errori.

Conclusione

La distinzione tra piante velenose e medicinali è cruciale per la sicurezza e la salute. Conoscere le caratteristiche distintive e le tecniche di identificazione può prevenire confusione e potenziali avvelenamenti. Studiare le piante, utilizzare risorse affidabili e adottare pratiche sicure consentirà ai principianti di esplorare la flora locale con maggiore sicurezza e responsabilità.

III. Le Piante Velenose più Pericolose d'Italia

1. Aconito: Il Veleno Mortale dei Boschi

L'**Aconito**, noto anche come **Aconitum** o **Monkshood**, è una delle piante velenose più pericolose e affascinanti che popolano i boschi e le zone montuose d'Italia. La sua bellezza è ingannevole, poiché i fiori blu-violetti attirano l'attenzione, mentre le sue proprietà tossiche rappresentano un grave rischio per chiunque si avvicini senza le dovute precauzioni. In questo paragrafo esploreremo le caratteristiche distintive dell'aconito, i rischi associati al suo contatto e le tecniche di riconoscimento per evitarlo.

Caratteristiche Botaniche

L'aconito è una pianta erbacea perenne che può raggiungere un'altezza di circa 1-2 metri. Le sue foglie, di forma palmata e lobata, sono verdi scure e lucide, disposte in modo alternato lungo il fusto. I fiori, che sbocciano da luglio a settembre, sono caratteristici per la loro forma a cappuccio e possono variare dal blu al viola intenso, a volte con sfumature bianche.

Siti di Crescita

L'aconito cresce tipicamente in terreni freschi e umidi, spesso in luoghi ombreggiati, come i margini dei boschi e le zone alpine. È comune trovare questa pianta in tutta Italia, soprattutto nelle Alpi e sugli Appennini, dove si insinua tra i cespugli e le rocce. È fondamentale prestare attenzione a queste aree quando si esplora la natura, in quanto l'aconito può trovarsi in prossimità di sentieri e piste escursionistiche.

Tossicità e Rischi

Tutte le parti della pianta, comprese le radici, i fiori e le foglie, contengono alcaloidi tossici, con la **aconitina** che è la sostanza più pericolosa. L'ingestione anche di piccole quantità di aconito può provocare sintomi gravi, come nausea, vomito, diarrea, aritmie cardiache e, in casi estremi, la morte.

I sintomi dell'avvelenamento da aconito possono manifestarsi rapidamente, spesso entro 30 minuti dall'esposizione. È importante sapere che la tossicità persiste anche dopo l'essiccazione della pianta, quindi la preparazione di infusi o decotti con l'aconito è estremamente pericolosa.

Tecniche di Riconoscimento

1. **Osservazione Visiva:** La prima e più efficace tecnica per riconoscere l'aconito è osservare attentamente le sue caratteristiche botaniche. Gli escursionisti e i botanici principianti dovrebbero imparare a identificare le foglie palmate e i fiori a cappuccio. Un buon consiglio è di fotografare le piante che si incontrano e confrontarle con immagini di aconito presenti in guide di campo o risorse online.

2. **Controllo dell'Habitat:** Come accennato, l'aconito si trova frequentemente in terreni umidi e ombreggiati. Prima di avventurarsi in un'area, è utile informarsi sulla flora locale e verificare se l'aconito è presente nella regione. Le guide locali o i gruppi di escursionismo possono fornire informazioni preziose.

3. **Evitare il Contatto:** La sicurezza è fondamentale quando si esplora la flora selvaggia. Se si sospetta di aver individuato un aconito, è meglio mantenerne la distanza. Non toccare né raccogliere la pianta, poiché la semplice manipolazione delle foglie o dei fiori può portare a reazioni cutanee in individui sensibili.

4. **Riconoscere la Confusione:** L'aconito può essere confuso con altre piante simili, come il **Delphinium**. Tuttavia, i fiori dell'aconito hanno una forma più arrotondata e un colore blu-violetto intenso. È importante conoscere le differenze per evitare incidenti.

Conclusione

L'aconito è una pianta di straordinaria bellezza, ma il suo potenziale letale richiede una cautela assoluta. Per i principianti, la chiave per evitare il rischio di avvelenamento è l'educazione. Familiarizzare con le caratteristiche distintive dell'aconito, comprendere i suoi habitat e adottare precauzioni durante l'esplorazione della natura sono passi essenziali per garantirsi un'esperienza sicura. Ricordate, la conoscenza è il miglior antidoto contro i pericoli della flora velenosa.

2. Belladonna: La Bellezza Fatale delle Piante Velenose

La **Belladonna**, nota scientificamente come **Atropa belladonna**, è una delle piante velenose più temute e affascinanti d'Italia. Conosciuta anche con i nomi popolari di "Erba della Morte" o "Piante delle Streghe", la belladonna è nota per le sue proprietà tossiche e il suo aspetto seducente. La sua fama è dovuta non solo alla tossicità, ma anche al suo uso storico in vari contesti culturali e medicinali. In questo paragrafo esploreremo le caratteristiche distintive della belladonna, i rischi associati alla sua manipolazione e le tecniche per riconoscerla, affinché i principianti possano evitarla e proteggersi.

Caratteristiche Botaniche

La belladonna è una pianta erbacea perenne che può raggiungere un'altezza di 1-2 metri. Presenta fusti eretti, ramificati e poco pelosi, con foglie grandi, ovali e di un verde intenso. Le foglie, disposte in modo alternato, possono raggiungere i 20 cm di lunghezza e hanno margini seghettati.

I fiori della belladonna sono campanulati, di colore violaceo e crescono in grappoli. Questi fiori, che sbocciano da maggio a luglio, possono risultare attraenti per gli insetti impollinatori, ma sono altamente tossici. Il frutto è una bacca rotonda di colore verde, che matura in un colore viola scuro o nero, e può contenere fino a cinque semi. Questa bacca è particolarmente insidiosa, poiché il suo aspetto può ingannare molti, portandoli a pensare che sia commestibile.

Tossicità e Rischi

Tutte le parti della belladonna, comprese foglie, fiori e frutti, contengono alcaloidi tossici, come l'**atropina**, la **scopolamina** e la **beladonina**. Anche piccole quantità possono essere fatali. L'ingestione di questa pianta può causare sintomi gravi, tra cui pupille dilatate, tachicardia, delirio, allucinazioni e, in casi estremi, coma o morte. La tossicità è particolarmente pericolosa per i bambini e gli animali domestici, che possono essere attratti dalle bacche.

La belladonna è nota anche per il suo uso nella storia, dove veniva utilizzata in modo imprudente come farmaco e veleno. Ad esempio, le donne del Rinascimento utilizzavano l'estratto di belladonna per dilatare le pupille, credendo che questo le rendesse più attraenti, da cui il nome "belladonna". È essenziale, quindi, che chiunque si avvicini a questa pianta ne conosca i rischi.

Tecniche di Riconoscimento

1. **Osservazione Visiva:** La prima e più importante tecnica per riconoscere la belladonna è l'osservazione attenta. Gli escursionisti e i principianti dovrebbero prestare attenzione alle caratteristiche delle foglie e dei fiori. Le foglie ovali, grandi e lucide sono un segno distintivo. Inoltre, i fiori violacei, che possono sembrare simili a quelli di altre piante, devono essere identificati con cautela. Utilizzare guide di campo affidabili o app di riconoscimento delle piante può facilitare questa attività.

2. **Controllo dell'Habitat:** La belladonna cresce in terreni ricchi e umidi, come le radure boschive e i bordi dei campi. Conoscere il proprio ambiente e i luoghi dove la belladonna è nota per crescere è fondamentale. È consigliabile esplorare le aree in compagnia di esperti o partecipare a escursioni botaniche per acquisire familiarità con le piante locali.

3. **Evitare il Contatto:** La sicurezza è prioritaria. È cruciale non toccare né raccogliere la belladonna se non si è sicuri della sua identificazione. Indossare guanti durante le escursioni in zone con una flora sconosciuta può prevenire il contatto diretto con piante velenose.

4. **Riconoscere i Segni di Confusione:** La belladonna può essere confusa con piante simili, come il **Solanum dulcamara** (la belladonna comune) o altre specie di solanacee. Tuttavia, la belladonna si distingue per la sua bacca nera e i fiori a forma di campana. Un'accurata osservazione delle foglie e dei fiori è essenziale per evitare errori di identificazione.

Conclusione

La belladonna è una pianta che, nonostante la sua bellezza, presenta un potenziale letale. È fondamentale per i principianti e gli amanti della natura comprendere le sue caratteristiche distintive, i rischi associati e le tecniche per evitarla. L'educazione è la chiave per garantire la sicurezza quando si esplora il mondo delle piante velenose. Conoscere la belladonna non solo protegge dalla sua tossicità, ma arricchisce anche l'esperienza di chi ama la natura, rendendo ogni escursione più consapevole e sicura.

3. Stramonio: La Pianta dei Sogni e delle Allucinazioni

Lo **Stramonio**, conosciuto scientificamente come **Datura stramonium**, è una pianta velenosa dalle mille facce, spesso associata a visioni e allucinazioni, da cui il suo soprannome di "Pianta dei Sogni". Sebbene sia ammirata per la sua bellezza e i suoi fiori caratteristici, lo stramonio presenta gravi rischi per la salute, in particolare a causa della presenza di alcaloidi tossici come **l'atropina**, la **scopolamina** e la **ipericina**. In questo paragrafo, esploreremo le caratteristiche distintive dello stramonio, il suo impatto sulla salute e le tecniche pratiche per riconoscerlo e evitarlo.

Caratteristiche Botaniche

Lo stramonio è una pianta erbacea annuale che può raggiungere un'altezza di 1-2 metri. È facilmente riconoscibile grazie alle sue foglie grandi, dentate e di un verde scuro, che possono raggiungere i 20 cm di lunghezza. Le foglie sono disposte in modo alternato lungo il fusto, e la loro forma irregolare le rende distintive.

I fiori, che sbocciano in estate, sono uno degli aspetti più affascinanti della pianta. Hanno una forma a campana, di colore bianco o purpureo, e possono raggiungere i 15 cm di lunghezza. La fioritura avviene generalmente di notte, il che contribuisce alla sua aura misteriosa. Il frutto è una bacca spinoso, di forma globosa, che contiene numerosi semi neri. Questi semi sono altamente tossici e possono germogliare rapidamente in condizioni favorevoli, rendendo lo stramonio una pianta invasiva in molte aree.

Tossicità e Rischi

Tutte le parti della pianta sono velenose, ma i fiori e i semi sono particolarmente pericolosi. L'ingestione di piccole quantità di stramonio può causare sintomi gravi come confusione, delirio, tachicardia e allucinazioni. Questi effetti sono causati dall'azione degli alcaloidi, che agiscono sul sistema nervoso centrale, portando a disturbi del comportamento e della percezione.

In passato, lo stramonio è stato utilizzato in rituali e pratiche sciamaniche per indurre stati alterati di coscienza, ma l'uso di questa pianta è estremamente rischioso. Anche l'inalazione del fumo delle foglie può portare a effetti tossici. È fondamentale che chiunque si avvicini a questa pianta sia consapevole dei rischi e delle potenziali conseguenze dell'uso imprudente.

Tecniche di Riconoscimento

1. **Osservazione delle Foglie:** Per riconoscere lo stramonio, inizia a osservare le foglie. Le sue grandi foglie a forma di cuore con margini dentati sono un segno distintivo. Queste foglie crescono in modo alternato e possono apparire lucide alla luce. Un modo utile per familiarizzare con questa pianta è scattare fotografie di foglie e confrontarle con immagini affidabili.

2. **Identificazione dei Fiori:** I fiori a forma di campana sono facilmente riconoscibili. Assicurati di notare la loro colorazione e forma. Non avvicinarti mai a piante sconosciute senza una corretta identificazione. Se non sei sicuro, chiedi aiuto a un esperto botanico o utilizza guide di campo per confermare l'identità della pianta.

3. **Frutti e Semi:** Un altro aspetto da considerare è la presenza dei frutti, che sono delle bacche spinoso. Anche se la pianta non è in fiore, la forma del frutto può aiutarti a identificarla. Evita di toccare o raccogliere qualsiasi parte della pianta, poiché anche il contatto diretto può portare a irritazioni cutanee.

4. **Habitat e Comportamento:** Lo stramonio cresce in terreni incolti, lungo strade, e in ambienti disturbati. È una pianta che prospera in aree soleggiate e ben drenate. Se stai esplorando aree rurali o suburbane, presta attenzione ai luoghi in cui la vegetazione è particolarmente fitta e incolta.

5. **Educazione e Precauzioni:** La miglior protezione contro gli effetti tossici dello stramonio è l'educazione. Partecipare a corsi di identificazione delle piante o escursioni botaniche può essere utile per apprendere in modo sicuro e pratico. In caso di contatto accidentale o ingestione, è essenziale contattare immediatamente un centro antiveleni o un medico.

Conclusione

Lo stramonio è una pianta affascinante ma pericolosa, che richiede un'adeguata conoscenza per essere riconosciuta e gestita. La sua tossicità può avere conseguenze gravi, e la familiarità con le sue caratteristiche distintive può salvare vite. La consapevolezza è fondamentale: comprendere le peculiarità dello stramonio non solo contribuisce alla sicurezza personale, ma arricchisce anche l'esperienza di coloro che amano esplorare la natura.

4. Ricinus: Il Ricino e la Tossina Ricinina

Il **ricino** (scientificamente noto come **Ricinus communis**) è una pianta dalle molteplici sfaccettature, ammirata per la sua bellezza ornamentale e temuta per la sua tossicità. Originario dell'Africa e dell'Asia, il ricino è oggi diffuso in molte regioni del mondo, inclusa l'Italia, dove cresce frequentemente in giardini e aree verdi. La pianta è facilmente riconoscibile grazie alle sue grandi foglie palmate e ai caratteristici frutti a forma di baccello spinoso. Tuttavia, ciò che la rende davvero pericolosa è la presenza della **ricinina**, una delle tossine naturali più potenti conosciute dall'uomo. In questo paragrafo, esamineremo le caratteristiche distintive del ricino, il meccanismo della tossicità e come riconoscerlo per evitare incidenti.

Caratteristiche Botaniche

Il ricino è una pianta erbacea perenne, ma viene spesso coltivata come annuale per il suo aspetto decorativo. Può raggiungere un'altezza di 1-3 metri e presenta un fusto eretto e robusto. Le foglie sono grandi, lobate e di un verde intenso, conferendo alla pianta un aspetto lussureggiante e tropicale. I fiori, di colore verde chiaro o giallo, sono poco appariscenti, ma i frutti sono i veri indicatori della presenza della pianta. I baccelli, che contengono i semi, sono spinosi e diventano marroni quando maturano, rivelando i semi lucidi e di forma ovale all'interno.

I semi di ricino sono particolarmente pericolosi, poiché contengono un'alta concentrazione di ricinina, che è una proteina altamente tossica. Solo 1-2 semi possono essere letali per un adulto, rendendo essenziale la cautela quando ci si trova in presenza di questa pianta.

Meccanismo di Tossicità

La tossicità del ricino è dovuta alla ricinina, che agisce come un inibitore della sintesi proteica. Dopo essere stata ingerita, la ricinina entra nelle cellule e provoca la distruzione dei ribosomi, impedendo la produzione di proteine vitali per la vita cellulare. I sintomi di avvelenamento possono manifestarsi dopo poche ore dall'ingestione e possono includere nausea, vomito, diarrea, disidratazione e, nei casi più gravi, danni agli organi interni e persino la morte.

È fondamentale notare che la ricinina è resistente al calore e non viene distrutta dalla cottura, quindi anche i semi cotti possono rimanere tossici. Inoltre, il semplice contatto con i semi o il succo della pianta può causare irritazioni cutanee. Pertanto, l'approccio più sicuro è evitare completamente il contatto con tutte le parti della pianta.

Tecniche di Riconoscimento

Osservazione delle Foglie: Inizia a familiarizzare con le foglie del ricino. Sono grandi, a forma di palma e di un verde intenso. La loro forma lobata è distintiva. Scattare foto delle foglie e confrontarle con immagini affidabili può aiutarti a riconoscerle più facilmente durante le escursioni in natura.

Identificazione dei Frutti: Presta particolare attenzione ai frutti della pianta. I baccelli spinosi di colore verde chiaro o marrone contengono i semi tossici. Non cercare di aprire i baccelli, poiché anche il contatto diretto con i semi può essere pericoloso. Se trovi dei frutti, mantieniti a distanza e annota la posizione per una successiva identificazione.

Habitat e Comportamento: Il ricino cresce in terreni ben drenati e può prosperare in ambienti soleggiati. È comune trovarlo in giardini, lungo strade e in aree disturbate. Se esplori aree rurali o urbane, fai attenzione a eventuali piantagioni di ricino. Puoi anche chiedere a esperti locali o giardinieri riguardo alla presenza di questa pianta nella tua zona.

Educazione e Precauzioni: Partecipare a corsi di botanica o escursioni naturalistiche può aumentare la tua consapevolezza e conoscenza delle piante velenose, inclusa quella del ricino. Essere ben informati è la chiave per prevenire avvelenamenti accidentali. Se sei incerto su una pianta, non esitare a chiedere aiuto a botanici esperti o consultare guide di campo.

Pronto Soccorso e Sicurezza: In caso di contatto accidentale o ingestione di qualsiasi parte della pianta, è fondamentale contattare immediatamente un centro antiveleni o un medico. Non tentare di provocare il vomito senza indicazioni specifiche di un professionista della salute.

Conclusione

Il ricino è una pianta che affascina per la sua bellezza ma che nasconde una pericolosità intrinseca a causa della presenza della ricinina. La conoscenza delle sue caratteristiche distintive, dei rischi associati e delle tecniche di riconoscimento è fondamentale per garantire la sicurezza personale e quella degli altri. Comprendere il potere di questa pianta può non solo prevenire incidenti, ma anche arricchire l'esperienza di chi ama esplorare il mondo naturale.

5. Digitale: Il Cuore e il Suo Potere Tossico

La **digitale** (genere **Digitalis**) è una pianta affascinante e temuta, conosciuta per le sue splendide infiorescenze e per la sua potente tossicità. Spesso si trova in giardini e ai margini dei boschi in tutta Italia, dove cresce spontaneamente. Mentre la digitale è stata utilizzata in medicina per secoli, il suo potere tossico la rende un argomento di grande interesse, ma anche di cautela. In questo paragrafo, esploreremo le caratteristiche distintive della digitale, il suo meccanismo di tossicità, e forniremo indicazioni pratiche per riconoscerla e evitarne i rischi.

Caratteristiche Botaniche

Le piante di digitale si presentano come alte spighe fiorite, raggiungendo altezze di 1-2 metri. Le foglie sono grandi, ovali e disposte a rosetta alla base della pianta, mentre i fiori, a forma di campana, possono variare nel colore da bianco a viola intenso, con macchie più scure all'interno. Questa varietà cromatica rende la digitale particolarmente attraente, ma è essenziale ricordare che anche le parti verdi della pianta, incluse le foglie e i fiori, sono tossiche.

I semi della digitale sono piccoli e scuri, e si trovano all'interno di capsule che si aprono al momento della maturazione. Il periodo di fioritura si verifica in estate, e durante questo tempo la pianta emana un aroma dolce e delicato, che attira insetti impollinatori. Tuttavia, questo profumo non deve illudere riguardo alla sua pericolosità.

Meccanismo di Tossicità

La tossicità della digitale è dovuta alla presenza di **glicosidi cardiaci**, composti chimici che influenzano direttamente il cuore. Questi glicosidi possono causare un aumento della contrattilità cardiaca e una diminuzione della frequenza cardiaca, che in dosi elevate può portare a grave avvelenamento e, in casi estremi, alla morte. I sintomi di avvelenamento possono includere nausea, vomito, diarrea, confusione, e alterazioni del ritmo cardiaco.

È importante notare che la tossicità della digitale può variare a seconda della specie e della quantità di pianta ingerita. Le persone che hanno una maggiore predisposizione a problemi cardiaci o che assumono farmaci per il cuore devono prestare particolare attenzione, poiché anche piccole quantità di digitale possono interagire in modo pericoloso con i farmaci e provocare complicazioni.

Tecniche di Riconoscimento

1. **Osservazione delle Foglie:** Familiarizzare con le foglie della digitale è il primo passo per riconoscerla. Le foglie sono lunghe, larghe e con margini seghettati. Spesso si trovano disposte in modo alternato lungo il fusto, ma è la rosetta basale a fare la differenza. Puoi fotografare le foglie per avere un riferimento da confrontare durante le escursioni.

2. **Identificazione dei Fiori:** I fiori di digitale sono particolarmente distintivi. Presentano una forma a campana, con petali che si sovrappongono. Il loro colore varia, ma le sfumature di viola e bianco sono le più comuni. Durante la fioritura, prenditi il tempo per osservare le piante nei giardini o lungo i sentieri. Non toccare i fiori, poiché anche il loro semplice contatto può causare irritazione.

3. **Habitat e Comportamento:** La digitale cresce in terreni ben drenati, spesso in condizioni di umidità e parziale ombra. Puoi trovarla in giardini, aree boschive e anche lungo i fossi. Durante le escursioni, annota i luoghi in cui la digitale è presente, per poterla identificare in futuro. Se hai dubbi, consulta una guida botanica o un esperto.

4. **Educazione e Precauzioni:** Partecipare a corsi di riconoscimento delle piante è un ottimo modo per migliorare le tue conoscenze. Imparare a riconoscere le piante tossiche è fondamentale per evitare incidenti. Se ti trovi in dubbio su una pianta, non esitare a chiedere l'opinione di un esperto.

5. **Pronto Soccorso e Sicurezza:** In caso di avvelenamento o sospetto avvelenamento da digitale, contatta immediatamente un centro antiveleni o un medico. È importante essere preparati e avere a disposizione informazioni su eventuali piante tossiche che potresti incontrare. Non tentare di indurre il vomito senza l'indicazione di un professionista.

Conclusione

La digitale è una pianta che incarna la bellezza e la pericolosità della natura. Comprendere le sue caratteristiche distintive e il potenziale tossico è fondamentale per chi ama esplorare il mondo delle piante. Riconoscere la digitale e adottare misure di sicurezza appropriate può prevenire incidenti gravi e permettere di apprezzare la natura in modo sicuro.

6. Conio: La Pianta Avvelenatrice dei Romani

Il **conio** (genere CONIUM), noto anche come **conio maculato** o **conio comune**, è una pianta velenosa con una ricca storia che risale ai tempi antichi. Famoso per il suo utilizzo nell'esecuzione di condannati a morte, tra cui il celebre filosofo greco Socrate, il conio ha affascinato e terrorizzato le civiltà per secoli. Questa pianta erbacea perenne non solo rappresenta un pericolo per l'uomo, ma gioca anche un ruolo ecologico nel suo habitat. In questo paragrafo, analizzeremo le caratteristiche botaniche del conio, il suo meccanismo di tossicità, e forniremo indicazioni pratiche per riconoscerlo e evitarne i rischi.

Caratteristiche Botaniche

Il conio è una pianta che può raggiungere altezze variabili tra 1 e 2 metri. Presenta un fusto eretto, robusto e di colore verde chiaro, spesso con macchie violacee. Le foglie, larghe e ben delineate, sono di un verde intenso e crescono in modo alternato lungo il fusto. La forma delle foglie è simile a quella del prezzemolo, ma con un aspetto più frastagliato e pennato.

I fiori del conio sono riuniti in ombrelle composte da piccole infiorescenze bianche, che sbocciano in estate. La pianta emana un odore sgradevole, simile a quello del topo, che può essere un utile indicatore per il riconoscimento. Anche i frutti, piccoli e a forma di seme, possono essere distintivi: si presentano come due semi appiattiti, di colore brunastro, contenuti in una capsula.

Meccanismo di Tossicità

Il conio è noto per la presenza di **coniina**, un alcaloide altamente tossico che agisce sul sistema nervoso centrale. La coniina ha effetti paralizzanti che possono influenzare il controllo muscolare e la respirazione. I sintomi di avvelenamento includono nausea, vomito, dilatazione pupillare, vertigini e, nei casi più gravi, arresto respiratorio e morte.

Anche una quantità minima di conio può essere letale. La coniina interferisce con la trasmissione degli impulsi nervosi, bloccando l'azione dell'acetilcolina, un neurotrasmettitore fondamentale per il corretto funzionamento del sistema nervoso. Gli individui con condizioni preesistenti, come malattie respiratorie o cardiache, sono particolarmente vulnerabili agli effetti tossici del conio.

Tecniche di Riconoscimento

1. **Osservazione delle Foglie:** Le foglie del conio sono tra le prime caratteristiche da riconoscere. Sono verdi, lobate e con margini seghettati, simili a quelle del prezzemolo ma più grandi e più frastagliate. Osserva il colore e la forma delle foglie, e scatta foto per facilitare il riconoscimento in futuro.

2. **Identificazione dei Fiori:** I fiori del conio sono piccole ombrelle di fiori bianchi che sbocciano in estate. La disposizione a ombrello è un segno distintivo di molte piante della famiglia delle Apiaceae, ma i fiori del conio hanno un odore sgradevole. Assicurati di non toccare i fiori e di avvicinarti con cautela.

3. **Habitat e Distribuzione:** Il conio cresce in terreni freschi e umidi, spesso lungo fossati, ai margini dei boschi e in prati. Si sviluppa in aree aperte e soleggiate, il che lo rende accessibile durante le escursioni. Prendi nota delle aree in cui lo incontri, e consulta risorse botaniche per identificare ulteriormente il suo habitat.

4. **Utilizzo di Guide Botaniche:** La consultazione di guide botaniche può rivelarsi utile per riconoscere il conio e le piante simili. Partecipare a corsi di riconoscimento delle piante offre opportunità pratiche per imparare da esperti.

5. **Sicurezza e Pronto Soccorso:** In caso di sospetto avvelenamento da conio, contatta immediatamente un centro antiveleni o un medico. Non tentare di indurre il vomito senza indicazioni professionali. È importante essere informati e preparati, poiché la tossicità di questa pianta è molto elevata.

6. **Educazione e Cautela:** Conoscere la pianta è essenziale per la sicurezza. L'educazione sulle piante tossiche è fondamentale per prevenire incidenti. Coinvolgere amici e familiari nella tua formazione può aumentare la consapevolezza collettiva.

Conclusione

Il conio rappresenta una delle piante velenose più pericolose e storicamente significative. Riconoscerne le caratteristiche distintive è cruciale per evitare incidenti e apprezzare il suo posto nella storia e nella natura. Conoscere il conio e adottare misure di sicurezza adeguate ti permette di esplorare il mondo delle piante in modo consapevole e sicuro.

7. Euforbia: La Linfa Pericolosa delle Piante Grasse

L'**euforbia** (genere **EUPHORBIA**) è una vasta famiglia di piante, che comprende sia specie erbacee che arbustive, note per la loro bellezza e versatilità. Tuttavia, molte di esse contengono una linfa lattiginosa che può risultare altamente irritante e tossica. In questo paragrafo, esploreremo le caratteristiche distintive delle euforbia, il loro meccanismo di tossicità, e forniremo indicazioni pratiche per il riconoscimento e la gestione del rischio associato a queste piante.

Caratteristiche Botaniche

Le euforbia si presentano in una grande varietà di forme e dimensioni. Alcune sono piante grasse, mentre altre assumono l'aspetto di arbusti o alberi. Una delle caratteristiche principali delle euforbia è la loro linfa bianca e lattiginosa, presente in tutte le parti della pianta, inclusi fiori e foglie. Questa linfa è un elemento chiave nel riconoscimento di molte specie di euforbia.

Le foglie delle euforbia variano notevolmente: possono essere ovali, lanceolate, o addirittura completamente assenti in alcune specie. I fiori sono generalmente piccoli e raccolti in strutture chiamate "ciuffi" o "ombrellini", che possono essere gialli, verdi o rossi. Il loro aspetto può ingannare, poiché sembrano fiori luminosi e attraenti, ma è fondamentale ricordare che nascondono un potenziale pericolo.

Meccanismo di Tossicità

La linfa delle euforbia contiene composti chimici noti come **lattoni**, che possono causare irritazioni alla pelle e alle mucose. Il contatto con la linfa può provocare arrossamenti, prurito e, in alcuni casi, vesciche. Inoltre, se la linfa entra in contatto con gli occhi, può causare seri danni, fino a compromettere la vista.

L'ingestione di euforbia è particolarmente pericolosa. I sintomi di avvelenamento possono includere nausea, vomito, crampi addominali e diarrea. In casi gravi, l'inalazione della polvere derivante da piante essiccate può causare difficoltà respiratorie. Pertanto, è importante maneggiare queste piante con la massima cautela e indossare sempre guanti protettivi quando si lavora con loro.

Tecniche di Riconoscimento

1. **Osservazione della Linfa:** Il modo più immediato per riconoscere le euforbia è osservare la linfa lattiginosa che fuoriesce dalle foglie e dai fusti quando la pianta è danneggiata. La presenza di questa linfa è un chiaro indicatore di potenziale tossicità. Se noti questa linfa, mantieni una distanza di sicurezza e non toccare la pianta.

2. **Identificazione delle Foglie e dei Fiori:** Le foglie delle euforbia possono variare notevolmente, ma le specie più comuni hanno foglie semplici, a margini lisci o seghettati. I fiori, sebbene piccoli, sono spesso raggruppati in ciuffi che possono essere di colori vivaci. Fai attenzione a questi dettagli, poiché possono aiutarti a identificare correttamente la pianta.

3. **Ambiente di Crescita:** Le euforbia sono spesso coltivate in giardini, serre e ambienti domestici. Alcune specie crescono anche in natura, principalmente in terreni aridi e soleggiati. Tieni presente che la maggior parte delle euforbia preferisce climi caldi e asciutti.

4. **Consultazione di Guide Botaniche:** È utile avere a disposizione guide botaniche specifiche sulle euforbia, che possono offrire dettagli visivi e informazioni sul riconoscimento delle specie. Partecipa a corsi di botanica per migliorare la tua capacità di identificazione.

5. **Precauzioni e Sicurezza:** Se devi maneggiare euforbia, utilizza sempre guanti e occhiali protettivi per evitare il contatto con la linfa. In caso di contatto accidentale, sciacqua immediatamente la zona interessata con acqua e sapone, e consulta un medico se compaiono sintomi di irritazione.

6. **Educazione e Consapevolezza:** La consapevolezza riguardo alle piante velenose, come le euforbia, è fondamentale per la sicurezza personale e collettiva. Educare amici e familiari sui rischi associati a queste piante è un passo importante per prevenire incidenti.

Conclusione

L'euforbia è una pianta affascinante e bella, ma la sua tossicità richiede cautela e rispetto. Riconoscerne le caratteristiche distintive è fondamentale per evitare contatti pericolosi e apprezzare il suo posto nella natura. Conoscere le euforbia e adottare le giuste misure di sicurezza ti permette di esplorare il mondo vegetale in modo sicuro e responsabile.

8. Cicuta: La Pianta delle Condanne e dei Veleni

La **cicuta** (genere **CONIUM**), conosciuta storicamente come "la pianta delle condanne", è una delle piante più velenose al mondo, con una lunga e tragica storia legata all'avvelenamento di importanti figure storiche. La cicuta è nota per il suo potente veleno, la coniina, che agisce sul sistema nervoso e può portare a conseguenze fatali. In questo paragrafo, esploreremo le caratteristiche distintive della cicuta, il suo meccanismo di tossicità e come riconoscerla e gestirla per evitare rischi.

Caratteristiche Botaniche

La cicuta è una pianta erbacea biennale o perenne che può raggiungere un'altezza di 1-2 metri. La sua struttura è caratterizzata da un fusto eretto e robusto, di solito cavo e con macchie scure, che può sembrare simile a quella del prezzemolo o del finocchio, rendendo difficile la sua identificazione. Le foglie sono verdi, ben suddivise e simili a quelle di altre ombrellifere. I fiori, che fioriscono in estate, sono piccoli, bianchi e riuniti in infiorescenze a ombrello.

Un aspetto distintivo della cicuta è l'odore: le foglie e la linfa emettono un profumo simile a quello del topo, che è un segnale che non deve essere ignorato. La cicuta si trova frequentemente lungo le rive dei fiumi, nei prati umidi e nelle aree disturbate, rendendola una pianta comune in molte zone d'Italia.

Meccanismo di Tossicità

La cicuta contiene la coniina, un alcaloide neurotossico che colpisce il sistema nervoso centrale. La coniina agisce bloccando i recettori dell'acetilcolina, un neurotrasmettitore essenziale per la trasmissione degli impulsi nervosi. Questo porta a una paralisi muscolare progressiva e, nei casi più gravi, alla morte per insufficienza respiratoria.

I sintomi di avvelenamento da cicuta possono apparire rapidamente dopo l'ingestione, e includono:

- **Nausea e vomito**
- **Crampi addominali**
- **Paralisi muscolare**
- **Difficoltà respiratorie**
- **Coma e morte**

È fondamentale sapere che anche una piccola quantità di cicuta può essere letale. La pianta è così tossica che i contatti con la pelle o l'inalazione della polvere di pianta essiccata possono causare irritazioni, rendendo la cautela indispensabile.

Tecniche di Riconoscimento

1. **Osservazione della Struttura:** Per riconoscere la cicuta, osserva attentamente la forma del fusto. La presenza di macchie scure è un indicatore importante. La pianta è solitamente alta, con una consistenza robusta. Le foglie sono molto simili a quelle di altre piante commestibili, come il prezzemolo, ma la cicuta tende a presentare un profumo sgradevole.

2. **Controllo dell'Odore:** L'odore distintivo delle foglie è un chiaro segnale di allerta. Se la pianta emette un profumo simile a quello del topo, allontanati immediatamente. Questo è un segno che si tratta di cicuta e non di una pianta commestibile.

3. **Identificazione dei Fiori:** I fiori della cicuta sono bianchi e riuniti in ombrelle. Confrontali con quelli di altre piante simili per assicurarti di non confonderli. Fai particolare attenzione a non raccogliere fiori bianchi in generale, poiché molte piante tossiche appartengono a questa categoria.

4. **Ambiente di Crescita:** La cicuta cresce in terreni umidi e freschi, spesso lungo corsi d'acqua e in zone disturbate. Familiarizzarsi con i suoi habitat tipici può aiutarti a identificarla quando la incontri nella natura.

5. **Utilizzo di Guide Botaniche:** Le guide botaniche possono essere uno strumento utile per imparare a riconoscere la cicuta e altre piante simili. Partecipa a escursioni botaniche e impara da esperti sul campo.

6. **Educazione e Consapevolezza:** Essere educati sulla cicuta e sulle altre piante velenose è fondamentale per la sicurezza. Parla con amici e familiari riguardo ai rischi associati a queste piante e all'importanza di riconoscerle.

Conclusione

La cicuta è una pianta affascinante ma letale, e la sua storia è segnata da avvelenamenti tragici. Conoscere le sue caratteristiche distintive e i sintomi di avvelenamento è essenziale per evitare incidenti. Riconoscere la cicuta e adottare le misure di sicurezza appropriate ti permette di esplorare il mondo vegetale con cautela e consapevolezza.

IV. Piante Velenose da Conoscere nel Resto del Mondo

1. Ricino: Il Veleno Silenzioso della Natura

Il **ricino (RICINUS COMMUNIS)** è una pianta appartenente alla famiglia delle Euforbiacee, nota non solo per la sua bellezza ornamentale, ma soprattutto per la sua tossicità estrema. Originaria dell'Africa e dell'Asia, questa pianta è diffusa in molte regioni tropicali e subtropicali del mondo, inclusa l'area mediterranea. Il ricino è facilmente riconoscibile grazie alle sue foglie larghe e palmate, che possono raggiungere dimensioni considerevoli, e ai suoi caratteristici frutti spinosi, che contengono i semi velenosi da cui si estrae l'olio di ricino. È fondamentale comprendere il potenziale pericolo di questa pianta, non solo per evitare il contatto diretto, ma anche per riconoscerne le caratteristiche distintive.

Caratteristiche Distintive

Il ricino è una pianta perenne che può raggiungere un'altezza di 3-10 metri, a seconda delle condizioni ambientali. Le foglie sono di un verde intenso e possono raggiungere i 30 cm di lunghezza. I fiori, che appaiono in spighe, sono di colore giallo-verde e sbocciano durante l'estate. Tuttavia, è nei suoi frutti che si nasconde il vero pericolo: queste capsule, che inizialmente sono verdi, maturano in una tonalità marrone e si aprono per rivelare semi lucidi e scuri. È importante sottolineare che i semi di ricino contengono una tossina altamente pericolosa, la **ricina**, che è considerata tra i veleni più letali conosciuti.

Tossicità e Meccanismi di Avvelenamento

La ricina agisce come un potente inibitore della sintesi proteica nelle cellule, il che significa che una volta ingerita, provoca una rapida distruzione delle cellule e dei tessuti, portando a gravi danni agli organi interni. Anche piccole quantità di semi di ricino, se ingeriti, possono essere fatali. I sintomi di avvelenamento da ricina si manifestano tipicamente entro poche ore dall'ingestione e possono includere nausea, vomito, diarrea e, in casi gravi, insufficienza organica e morte. La gravità dei sintomi dipende dalla quantità di semi ingeriti e dalla rapidità con cui si riceve assistenza medica.

Esempi Pratici e Tecniche di Sicurezza

Per chi desidera evitare il contatto con questa pianta velenosa, è essenziale adottare alcune tecniche pratiche:

1. **Identificazione Visiva:** Prima di avventurarsi in aree dove il ricino è presente, imparare a riconoscerne le caratteristiche distintive, come la forma delle foglie e l'aspetto dei frutti. In caso di dubbio, è meglio mantenere una distanza sicura.

2. **Prevenzione del Contatto:** Durante le escursioni in natura, è consigliabile indossare guanti e maniche lunghe per proteggersi da eventuali contatti diretti con la pianta. Evitare di toccare qualsiasi parte del ricino senza la dovuta protezione.

3. **Educazione e Sensibilizzazione:** Se si vive in aree dove il ricino è comune, è utile informare familiari e amici sui pericoli di questa pianta. Creare una rete di consapevolezza nella comunità può ridurre il rischio di avvelenamento.

4. **Primo Soccorso:** Nel caso in cui si sospetti un avvelenamento, contattare immediatamente i servizi di emergenza. È importante fornire informazioni dettagliate sui sintomi e sulla possibile esposizione al ricino.

Conclusione

Il ricino è senza dubbio una delle piante più affascinanti e pericolose della natura. La sua bellezza estetica è controbilanciata dalla sua tossicità letale, rendendo fondamentale per ogni appassionato di botanica e per chi frequenta l'ambiente naturale conoscere e rispettare questa pianta. Con la giusta preparazione e consapevolezza, è possibile godere della bellezza della natura senza mettere a rischio la propria sicurezza.

2. Manihot esculenta (Yuca): Quando la Radice Diventa Tossica

La **Manihot esculenta**, comunemente conosciuta come **yuca** o **cassava**, è una pianta tropicale originaria del Sud America, molto apprezzata per le sue radici ricche di carboidrati. Questa pianta è un alimento base in molte culture, soprattutto in Africa, Asia e America Latina, dove le sue radici vengono utilizzate per preparare una varietà di piatti. Tuttavia, è fondamentale riconoscere che la yuca può presentare seri rischi per la salute se non viene preparata correttamente, poiché le radici contengono **glicosidi cianogenici**, sostanze chimiche che possono rilasciare cianuro quando metabolizzate.

Identificazione della Pianta

La yuca è una pianta perenne che può raggiungere un'altezza di 1-3 metri. Le sue foglie sono composte e disposte a spirale, con un caratteristico aspetto a forma di mano. I fiori sono piccoli e insignificanti, ma ciò che rende la pianta davvero interessante sono le sue radici. Le radici della yuca sono lunghe e cilindriche, con una buccia marrone chiaro e una polpa bianca o giallastra. È essenziale sapere che esistono due varietà principali di yuca: la **yuca dolce** e la **yuca amara**. Quest'ultima è particolarmente ricca di glicosidi cianogenici e, se consumata cruda o senza un'adeguata preparazione, può risultare altamente tossica.

Tossicità e Meccanismi di Avvelenamento

I glicosidi cianogenici presenti nella yuca amara, come la **linamarina**, possono essere pericolosi per la salute. Quando le radici vengono danneggiate, i glicosidi cianogenici si trasformano in cianuro di idrogeno, una sostanza tossica per il corpo umano. L'ingestione di quantità significative di cianuro può causare sintomi gravi, tra cui nausea, vomito, mal di testa, vertigini e, nei casi più estremi, difficoltà respiratorie e coma. È fondamentale notare che il cianuro è un veleno che agisce rapidamente, quindi è cruciale sapere come preparare e consumare la yuca in modo sicuro.

Preparazione e Tecniche di Sicurezza

Per ridurre i rischi associati al consumo di yuca, è essenziale seguire alcune tecniche pratiche:

1. **Scelta della Varietà:** Assicurati di scegliere la varietà giusta. La yuca dolce è generalmente considerata sicura, mentre la yuca amara richiede un'adeguata preparazione.

2. **Preparazione Appropriata:** Prima di cucinare la yuca, è fondamentale sbucciarla e tagliarla a pezzi. Le bucce e il centro della radice contengono la maggior parte dei glicosidi cianogenici. Dopo averla sbucciata, è consigliabile immergere i pezzi in acqua per 24 ore, cambiando frequentemente l'acqua per ridurre il contenuto di cianuro.

3. **Cottura:** La cottura della yuca è un passaggio cruciale. Cuocere i pezzi di yuca in acqua bollente per almeno 20-30 minuti è essenziale, poiché il calore distrugge i glicosidi cianogenici, rendendo la radice sicura da mangiare. Puoi anche friggere o arrostire la yuca, ma è fondamentale assicurarsi che sia completamente cotta.

4. **Educazione Alimentare:** Se si vive in aree dove la yuca è un alimento comune, è utile educare la comunità sui rischi associati alla sua preparazione. Organizzare laboratori di cucina o eventi informativi può aumentare la consapevolezza e ridurre i casi di avvelenamento.

Esempi Pratici

Ad esempio, se una famiglia decide di preparare un pasto a base di yuca, dovrebbe iniziare selezionando solo radici fresche e mature. Una volta sbucciate, le radici devono essere tagliate e immerse in acqua. Durante questo periodo, i membri della famiglia possono discutere le tecniche di preparazione sicura, sottolineando l'importanza della cottura. Questo approccio non solo promuove la sicurezza alimentare, ma incoraggia anche una maggiore conoscenza e apprezzamento delle tradizioni culinarie.

Conclusione

La **Manihot esculenta** è una pianta incredibile, capace di fornire nutrimento, ma porta con sé anche rischi significativi se non trattata con attenzione. Conoscere la differenza tra le varietà di yuca e seguire le tecniche di preparazione adeguate è essenziale per garantire la sicurezza e il benessere. Imparare a riconoscere e rispettare questa pianta può fare la differenza tra un pasto nutriente e un potenziale avvelenamento.

3. Sorgo: Il Pericolo Nascosto nelle Coltivazioni

Il **sorgo** è una pianta erbacea appartenente alla famiglia delle Poaceae, ampiamente coltivata in diverse parti del mondo per i suoi semi, utilizzati come fonte di cibo per umani e animali. Nonostante la sua popolarità, il sorgo ha anche una faccia oscura: può accumulare sostanze tossiche, in particolare le **cianine**, che, se ingerite, possono provocare gravi effetti tossici. La comprensione dei rischi associati a questa pianta è cruciale, specialmente per coloro che lavorano nel settore agricolo o che consumano sorgo in diverse forme.

Identificazione della Pianta

Il sorgo si presenta come una pianta alta e robusta, capace di raggiungere i 2-3 metri di altezza. Le foglie sono lunghe, verdi e piuttosto larghe, simili a quelle del mais. Il fiore del sorgo è caratterizzato da una infiorescenza densa e ramificata, che può variare di colore a seconda della varietà, spaziando dal bianco al rosso, dal giallo al nero. È fondamentale identificare correttamente le diverse varietà di sorgo, poiché alcune sono più propense ad accumulare tossine rispetto ad altre.

Tossicità e Meccanismi di Avvelenamento

Il rischio principale associato al sorgo è rappresentato dalla presenza di **cianine** e altri composti tossici, come i **nitriti**. Questi composti possono formarsi nel sorgo a causa di condizioni ambientali sfavorevoli, come la siccità o la carenza di nutrienti nel suolo. L'accumulo di cianine è particolarmente elevato nelle varietà di sorgo che non sono state correttamente selezionate o coltivate.

L'ingestione di sorgo contaminato può portare a sintomi acuti di avvelenamento, che si manifestano generalmente attraverso mal di testa, nausea, vomito e, in casi più gravi, difficoltà respiratorie e convulsioni. È fondamentale che le persone coinvolte nella coltivazione o nella raccolta di sorgo siano consapevoli di questi rischi e sappiano come riconoscere i segni di tossicità.

Tecniche di Sicurezza e Preparazione

Per ridurre i rischi associati al consumo di sorgo, è essenziale seguire alcune pratiche di sicurezza:

1. **Selezione della Varietà:** Scegliere varietà di sorgo noto per la loro bassa tossicità è un primo passo fondamentale. Alcuni tipi di sorgo, come il sorgo dolce, tendono ad avere una minore concentrazione di cianine. Rivolgersi a fornitori affidabili e chiedere informazioni sulla varietà è un passo importante per garantire la sicurezza.

2. **Controllo del Suolo e delle Condizioni di Crescita:** Monitorare attentamente le condizioni di crescita del sorgo. Le pratiche agricole sane, come la rotazione delle colture e l'analisi del suolo, possono ridurre il rischio di accumulo di tossine. L'uso di fertilizzanti bilanciati e la corretta irrigazione aiutano a mantenere la pianta sana e a limitare la formazione di sostanze tossiche.

3. **Cottura Adeguata:** La cottura del sorgo non elimina completamente i composti tossici, ma può ridurre la loro presenza. È consigliabile cuocere il sorgo in abbondante acqua e scolarlo, poiché il processo di cottura può aiutare a diminuire la concentrazione di cianine.

4. **Educazione e Consapevolezza:** Informare agricoltori e consumatori sui rischi associati al sorgo è fondamentale. Organizzare workshop e corsi di formazione per educare sulle pratiche sicure di coltivazione e preparazione è un modo efficace per prevenire avvelenamenti.

Esempi Pratici

Ad esempio, un agricoltore che decide di piantare sorgo dovrebbe iniziare effettuando una valutazione del suolo per assicurarsi che le condizioni siano favorevoli. In caso di avversità climatiche, come una siccità prolungata, dovrebbe considerare di adottare tecniche di irrigazione più intensive o di monitorare attentamente il sorgo durante il suo ciclo di crescita. Se il sorgo viene raccolto e sembra presentare segni di tossicità, è fondamentale non utilizzarlo per l'alimentazione.

Inoltre, i consumatori di sorgo dovrebbero essere informati sulle varietà più sicure e sulle corrette tecniche di cottura. Questo approccio non solo migliora la sicurezza alimentare, ma promuove anche la salute generale della comunità.

Conclusione

Il sorgo è una risorsa preziosa, ma comporta anche rischi significativi. Conoscere le varietà di sorgo, le condizioni di crescita e le tecniche di preparazione è essenziale per evitare avvelenamenti. Informare e educare sia i produttori che i consumatori è fondamentale per garantire che il sorgo possa continuare a essere una fonte di nutrimento sicura e nutriente.

4. Cicuta Acquatica: Il Veleno Invisibile dei Corsi d'Acqua

La **cicuta acquatica (CICUTA VIROSA)** è una delle piante più temute della flora europea e nordamericana, conosciuta per la sua elevata tossicità. Cresce frequentemente lungo i corsi d'acqua, nei fossati e in zone umide, rendendola una pianta insidiosa, poiché la sua bellezza la rende facilmente confondibile con altre specie. La cicuta acquatica è una pianta perenne che può raggiungere i due metri di altezza, con foglie verde scuro, grandi e composte, e infiorescenze bianche che formano ombrelle.

Identificazione della Cicuta Acquatica

Riconoscere la cicuta acquatica è cruciale per la sicurezza, specialmente per chi frequenta ambienti umidi. La pianta ha una struttura robusta, con fusti cilindrici e cavi, che possono presentare macchie rosse o violacee, particolarmente nella parte inferiore. Le foglie sono composte e di un verde intenso, simili a quelle del prezzemolo, ma molto più grandi, raggiungendo anche i 30 cm di lunghezza.

Le ombrelle bianche, composte da piccoli fiori, sbocciano in estate e possono essere scambiate per quelle di piante commestibili, come il finocchio selvatico. Un errore di identificazione può avere conseguenze fatali. Per aiutare nella distinzione, osservare la forma e la disposizione delle foglie, nonché la presenza di macchie sul fusto. È fondamentale tenere presente che ogni parte della pianta è tossica, inclusi i semi.

Tossicità della Cicuta Acquatica

La cicuta acquatica contiene composti tossici noti come **cicutossina**, un alcaloide altamente tossico che agisce sul sistema nervoso centrale. Anche piccole quantità di pianta possono risultare fatali. I sintomi di avvelenamento iniziano con nausea, vomito e spasmi addominali, seguiti da convulsioni e perdita di coscienza. In caso di ingestione, è cruciale cercare immediatamente assistenza medica.

Tecniche di Sicurezza

1. Evitare il Contatto Diretto

La prima regola per proteggersi dalla cicuta acquatica è evitare il contatto diretto con la pianta. Indossare guanti e maniche lunghe quando si cammina in zone umide e nei pressi di corsi d'acqua può ridurre il rischio di esposizione. Se ci si trova in un'area in cui la cicuta acquatica è nota per crescere, è consigliabile rimanere su sentieri battuti e non avventurarsi tra la vegetazione.

2. Educazione e Consapevolezza

Educare se stessi e gli altri riguardo le piante tossiche è fondamentale. Insegnare ai bambini a riconoscere la cicuta acquatica e altre piante velenose può prevenire incidenti. Creare un manuale di identificazione delle piante locali e organizzare escursioni didattiche può aumentare la consapevolezza.

3. Tecniche di Raccolta

Se si è in un'area in cui la cicuta acquatica è presente, evitare di raccogliere piante senza una corretta identificazione. Se si è incerti, è meglio evitare la raccolta completamente. Se ci si trova in una situazione in cui è necessario prelevare piante per scopi di ricerca o campionamento, assicurarsi di avere una guida esperta e di conoscere le differenze tra la cicuta acquatica e le piante simili.

4. Segnaletica e Avvisi

Nel caso in cui si frequentino aree dove è comune la cicuta acquatica, installare segnaletica e avvisi può aiutare a mantenere le persone avvisate sui pericoli associati alla pianta. Le comunità possono collaborare per creare una maggiore consapevolezza, affiggendo cartelli nei parchi e lungo i corsi d'acqua.

Esempi Pratici

Un esempio pratico per riconoscere la cicuta acquatica è confrontare le sue foglie con quelle di altre piante comuni. Portare con sé un campo di identificazione delle piante durante le passeggiate può essere utile. Inoltre, chi lavora a stretto contatto con la vegetazione, come i giardinieri o gli agricoltori, dovrebbe partecipare a corsi di formazione per apprendere a identificare correttamente le piante tossiche.

Conclusione

La cicuta acquatica è una pianta di straordinaria bellezza, ma anche di estrema pericolosità. La sua identificazione e comprensione sono cruciali per prevenire incidenti gravi. Attraverso l'educazione, l'evitamento del contatto e pratiche di sicurezza, è possibile minimizzare i rischi associati a questa pianta letale.

5. Abrus Precatorius (Fagiolo Rosso): Bellezza e Tossicità

L'Abrus precatorius, comunemente conosciuto come **fagiolo rosso**, è una pianta leguminosa che attira l'attenzione per i suoi semi dai colori vivaci, in particolare il rosso con un caratteristico punto nero. Originaria delle regioni tropicali e subtropicali, questa pianta è ampiamente distribuita in molte parti del mondo, compresi alcuni paesi europei. Sebbene sia apprezzata per il suo aspetto ornamentale e per l'uso tradizionale in gioielleria, è fondamentale riconoscere i pericoli associati a questa pianta, poiché contiene un potente veleno.

Identificazione dell'Abrus Precatorius

Riconoscere l'Abrus precatorius è essenziale per evitare incidenti. La pianta è una vite perenne che può crescere fino a 3 metri di lunghezza. Le foglie sono composte da piccole foglioline ovali, che si dispongono in modo alternato lungo il fusto. I fiori sono piccoli, di colore rosa o viola, e compaiono in grappoli, seguiti da baccelli che contengono i semi.

I semi del fagiolo rosso sono facilmente identificabili grazie al loro colore brillante. È importante notare che, sebbene i semi siano spesso usati in braccialetti e collane, la loro ingestione, anche in piccole quantità, può avere conseguenze gravi.
L'aspetto estetico della pianta può indurre alla confusione, specialmente in contesti informali, dove si è meno attenti ai dettagli.

Tossicità e Meccanismo d'Azione
Il fagiolo rosso contiene un potente veleno chiamato **abrina**, un alcaloide altamente tossico che può essere letale se ingerito. La tossicità di questo composto è paragonabile a quella della ricina, la tossina del ricino. Anche un singolo seme può provocare sintomi gravi, tra cui nausea, vomito, diarrea e, nei casi più gravi, danni agli organi e persino la morte.

L'abrina agisce inibendo la sintesi proteica a livello cellulare, danneggiando le cellule del corpo. I sintomi di avvelenamento possono manifestarsi entro poche ore dall'ingestione, rendendo fondamentale la prontezza nell'intervento medico.

Tecniche di Sicurezza

1. Prevenire l'Ingestione Accidentale
Il primo passo per evitare l'avvelenamento da Abrus precatorius è garantire che i semi non siano accessibili, soprattutto ai bambini. Se si utilizzano semi per creare gioielli o decorazioni, è consigliabile informare tutti i membri della famiglia, inclusi gli ospiti, sui rischi associati.

2. Educazione e Consapevolezza

La consapevolezza è fondamentale. Educare i bambini e gli adulti riguardo alle piante tossiche e alla loro identificazione può ridurre significativamente il rischio di avvelenamento. Le escursioni guidate e i corsi di botanica possono essere ottimi strumenti per aumentare la conoscenza.

3. Identificazione Pratica

Quando si è in ambienti naturali, è utile portare con sé un campo di identificazione delle piante o un'app di botanica per smartphone. Questi strumenti possono aiutare a distinguere il fagiolo rosso da altre piante simili, evitando confusione.

4. Eseguire un Test di Resistenza

Un test di resistenza per determinare l'innocuità di una pianta è sconsigliato nel caso dell'Abrus precatorius. A differenza di altre piante dove piccole quantità possono essere testate, i semi di fagiolo rosso possono causare avvelenamenti gravi anche in minime quantità. Pertanto, non è mai sicuro provare a consumare o toccare i semi senza una chiara identificazione e comprensione della pianta.

5. Segnaletica e Avvisi

Nelle aree in cui l'Abrus precatorius è conosciuto per crescere, è utile installare segnaletica di avvertimento. Le comunità possono collaborare con esperti botanici per sviluppare campagne di sensibilizzazione che mettano in evidenza i pericoli delle piante tossiche e incoraggino comportamenti sicuri.

Conclusione

L'Abrus precatorius è un perfetto esempio di come la bellezza possa nascondere pericoli gravi. La sua identificazione corretta e la comprensione della sua tossicità sono fondamentali per prevenire incidenti. Educazione e consapevolezza sono le chiavi per affrontare il rischio associato a questa pianta, garantendo la sicurezza di tutti coloro che interagiscono con la natura.

6. Alder Buckthorn: L'Avvelenatore dei Parchi e dei Giardini

Rhamnus frangula, comunemente noto come **alder buckthorn** o **frangola**, è un arbusto che cresce spontaneamente in molte zone temperate del mondo, inclusi i parchi e i giardini europei. Questo arbusto è caratterizzato da una bellezza discreta, ma è importante essere consapevoli della sua tossicità e delle potenziali conseguenze associate al suo contatto e alla sua ingestione.

Identificazione della Frangola

L'alder buckthorn può raggiungere un'altezza di circa 3-4 metri e presenta una chioma densa e ramificata. Le foglie sono ovali, di un verde brillante, con un margine seghettato e una disposizione alternata. In primavera, l'arbusto produce piccoli fiori di colore giallo-verde, poco appariscenti, che si sviluppano in grappoli. I frutti, che maturano in autunno, sono bacche nere o rosse, a forma di oliva, che sono particolarmente attraenti per gli uccelli, ma sono tossiche per l'uomo e per alcuni animali.

Riconoscimento dei Frutti

È essenziale prestare attenzione ai frutti dell'alder buckthorn, poiché la loro somiglianza con bacche commestibili può indurre in errore. Le bacche contengono **rhamnina**, un composto tossico che, se ingerito, può causare sintomi di avvelenamento, tra cui nausea, vomito, diarrea e crampi addominali. È cruciale evitare il contatto diretto con le bacche, soprattutto se si è incerti sulla loro identità.

Tossicità e Meccanismo d'Azione

La tossicità della frangola è principalmente legata alla presenza di rhamnina, un glucoside che può interferire con le funzioni digestive. L'ingestione di frutti non maturi può portare a effetti tossici più severi, mentre i frutti maturi possono essere meno tossici, ma non per questo innocui. La frangola è particolarmente pericolosa per i bambini e gli animali domestici, poiché possono essere più suscettibili agli effetti tossici.

Il meccanismo d'azione della rhamnina prevede l'inibizione della peristalsi intestinale, portando a crampi e diarrea. In casi gravi, l'avvelenamento può risultare in una reazione allergica, che può manifestarsi con sintomi respiratori e cutanei.

Tecniche di Sicurezza

1. Identificazione Visiva

Per evitare il contatto con l'alder buckthorn, è fondamentale essere in grado di identificare correttamente l'arbusto e i suoi frutti. Portare con sé una guida botanica o un'app per smartphone può aiutare nella corretta identificazione. Se si è in dubbio, è meglio evitare di avvicinarsi all'arbusto.

2. Prevenzione dell'Ingestione

Se si coltiva la frangola nel giardino o nel parco, è consigliabile rimuovere i frutti non appena maturano. Inoltre, avvisare familiari e visitatori sui pericoli associati a questa pianta è un passo importante nella prevenzione di avvelenamenti accidentali.

3. Evitare il Contatto

Quando si manipolano piante nei parchi o nei giardini, è sempre buona norma indossare guanti per proteggere la pelle. La frangola può causare irritazioni cutanee e, anche se non tutte le persone reagiscono, è meglio essere cauti. Se si ha il sospetto di contatto con la linfa o con i frutti, lavarsi immediatamente le mani con acqua e sapone.

4. Educazione e Consapevolezza

Informarsi sui pericoli delle piante tossiche è essenziale. Partecipare a corsi di botanica o workshop di giardinaggio può fornire una comprensione più profonda delle piante velenose e dei loro rischi. Le escursioni guidate nella natura possono essere un'ottima opportunità per imparare a riconoscere e rispettare le piante tossiche.

5. Segnaletica e Avvisi

Nelle aree pubbliche dove l'alder buckthorn è presente, è utile installare segnaletica che avverta sui pericoli della pianta. Le comunità possono collaborare con esperti botanici per creare campagne di sensibilizzazione, informando il pubblico sui rischi e su come riconoscere la pianta.

Conclusione

L'Alder Buckthorn, sebbene sia un arbusto comune in molti giardini e parchi, rappresenta un serio rischio per la salute. Conoscere le sue caratteristiche distintive e i pericoli associati è fondamentale per prevenire avvelenamenti accidentali. L'educazione e la consapevolezza sono i pilastri per affrontare in modo sicuro la presenza di questa pianta nel nostro ambiente.

7. Acanthus: La Pianta Avvelenatrice dei Giardini Mediterranei

Acanthus mollis, comunemente conosciuta come **acantho**, è una pianta perenne appartenente alla famiglia delle **Acanthaceae**, originaria delle regioni mediterranee. Questa pianta è apprezzata per la sua bellezza ornamentale, caratterizzata da foglie grandi e frastagliate e fiori bianchi o violacei, che spiccano nei giardini e nei parchi. Tuttavia, nonostante la sua attrattiva estetica, l'acantho è anche una pianta potenzialmente tossica, e la sua manipolazione richiede cautela.

Identificazione della Pianta

L'acantho è facilmente riconoscibile grazie alle sue foglie larghe e spinose, che possono raggiungere i 70 cm di lunghezza. La pianta ha un portamento eretto e può arrivare fino a 1,5 metri di altezza. I fiori si sviluppano in spighe, emergendo da steli alti e robusti. La fioritura avviene generalmente in estate, e i fiori sono di colore bianco, crema o violetto, con forme tubolari che attirano insetti impollinatori.

Elementi Distintivi
È fondamentale prestare attenzione a specifiche caratteristiche per evitare confusione con altre piante simili. Le foglie dell'acantho sono caratterizzate da margini dentati e una superficie lucida. L'aspetto spinoso della pianta è un indicatore della sua tossicità, in quanto può provocare irritazioni cutanee e reazioni allergiche se toccata.

Tossicità e Meccanismo d'Azione
La tossicità dell'acantho è dovuta alla presenza di **saponine**, composti chimici che possono causare irritazioni gastro-intestinali se ingeriti. Anche il contatto diretto con le foglie può provocare dermatiti, specialmente nelle persone con pelle sensibile. I sintomi di avvelenamento possono includere nausea, vomito e diarrea, che si manifestano generalmente entro poche ore dall'ingestione.

La meccanica d'azione delle saponine coinvolge l'interferenza con le membrane cellulari, che può portare a un'alterazione della funzione digestiva. Inoltre, l'ingestione di grandi quantità di foglie può risultare in effetti più gravi, tra cui la compromissione del sistema nervoso.

Tecniche di Sicurezza

1. Identificazione Accurata
Per prevenire avvelenamenti accidentali, è essenziale conoscere le caratteristiche distintive dell'acantho. Utilizzare libri di botanica o applicazioni di riconoscimento delle piante può aiutare a identificare correttamente l'arbusto. Osservare con attenzione le foglie e i fiori è fondamentale per evitare confusione con altre piante ornamentali.

2. Manipolazione Sicura

Quando si maneggia l'acantho, è consigliabile indossare guanti protettivi per evitare irritazioni cutanee. Se si devono potare le foglie o i fiori, è opportuno farlo con attrezzi affilati e puliti, riducendo il rischio di contatto diretto con la linfa e le foglie.

3. Informare e Educare

Se si possiede o si lavora in giardini in cui è presente l'acantho, è importante informare le persone che vi accedono sui pericoli associati alla pianta. Cartelli informativi possono essere posizionati nei pressi della pianta per avvisare i visitatori della sua tossicità.

4. Rimozione e Controllo

Nei giardini domestici, è opportuno considerare la rimozione dell'acantho se si hanno bambini piccoli o animali domestici che potrebbero essere curiosi e avvicinarsi alla pianta. Se si decide di mantenere l'arbusto, è fondamentale controllarne la crescita e limitarne l'espansione, evitando che diventi invasivo.

5. Educazione Botanica

Partecipare a corsi di giardinaggio o a workshop sulla botanica locale può fornire informazioni preziose sulle piante tossiche e sulla loro gestione. Questo tipo di formazione aiuta a sviluppare un occhio esperto, capace di riconoscere e rispettare le piante velenose.

Conclusione

L'Acanthus mollis è una pianta dall'aspetto affascinante che, sebbene sia un'aggiunta decorativa ai giardini mediterranei, rappresenta anche un rischio per la salute. Conoscere le sue caratteristiche distintive e i pericoli associati è essenziale per prevenire incidenti. L'educazione, la consapevolezza e le tecniche di sicurezza sono fondamentali per interagire in modo sicuro con questa pianta avvelenatrice.

8. Datura: La Pianta delle Allucinazioni e dei Rischi

Datura è un genere di piante appartenente alla famiglia delle **Solanaceae**, noto per le sue proprietà tossiche e allucinogene. Le specie più comuni includono la **Datura stramonium**, conosciuta come **stramonio o erba del diavolo**, e la **Datura metel**, spesso utilizzata in giardinaggio per la sua fioritura appariscente. Sebbene queste piante possano sembrare innocue o addirittura attraenti, sono considerate tra le piante più pericolose del mondo, e la loro manipolazione richiede estrema cautela.

Identificazione della Pianta

La Datura è facilmente riconoscibile per le sue caratteristiche distintive. Le foglie sono grandi, a forma di cuore e presentano un margine irregolare. I fiori, che possono essere bianchi, viola o gialli, hanno una forma a tromba e si aprono in modo spettacolare, attirando insetti e curiosi. La pianta produce anche frutti spinosi che contengono semi tossici. Un elemento distintivo da tenere presente è l'odore pungente che emana durante la fioritura, un segnale che non deve essere ignorato.

Elementi Distintivi

La Datura cresce solitamente in ambienti soleggiati, come giardini e terreni incolti. Può raggiungere un'altezza di 1,5 metri e si propaga facilmente, rendendola potenzialmente invasiva. La sua capacità di adattarsi a diverse condizioni climatiche e di terreno è un motivo per cui è comune in molte parti del mondo. È importante notare che ogni parte della pianta, comprese le foglie, i fiori e i semi, è tossica.

Tossicità e Meccanismo d'Azione

La tossicità della Datura è principalmente attribuita alla presenza di **alkaloidi** come la **scopolamina** e la **atropina**, che agiscono sul sistema nervoso centrale. Questi composti possono provocare effetti allucinogeni, alterando la percezione della realtà e inducendo stati di confusione e delirium. L'ingestione di piccole quantità può causare sintomi come vertigini, secchezza delle fauci, palpitazioni e dilatazione delle pupille. Dosaggi più elevati possono risultare in grave avvelenamento e persino morte.

Tecniche di Sicurezza

1. Identificazione Accurata

Il primo passo per prevenire avvelenamenti è saper identificare correttamente la Datura. Utilizzare risorse botaniche o app dedicate per il riconoscimento delle piante è fondamentale. È anche utile consultare esperti botanici o partecipare a corsi di educazione botanica per familiarizzarsi con le caratteristiche di questa pianta.

2. Manipolazione Sicura

Chiunque maneggi la Datura deve indossare guanti protettivi. Anche il semplice contatto con le foglie o i fiori può portare a irritazioni cutanee o sintomi sistemici. È consigliabile evitare di toccare la pianta a meno che non si sia completamente certi delle proprie capacità di riconoscimento e dei rischi associati.

3. Informare e Educare

Nei giardini o nelle aree pubbliche dove la Datura è presente, è importante affiggere cartelli informativi che avvertono della sua tossicità. L'educazione del pubblico è cruciale per prevenire incidenti, in particolare per bambini e animali domestici.

4. Rimozione e Controllo

Se la Datura cresce in giardini privati, è consigliabile considerare la sua rimozione, soprattutto se si hanno animali domestici o bambini che possono essere curiosi. Se si decide di mantenerla per scopi ornamentali, assicurarsi di controllare regolarmente la pianta per prevenire la diffusione dei semi.

5. Uso Responsabile

Nonostante i suoi effetti allucinogeni siano stati storicamente utilizzati in alcune culture per riti religiosi o sciamanici, è fondamentale ribadire che l'uso della Datura è estremamente rischioso e sconsigliato. L'auto-somministrazione di qualsiasi parte della pianta può avere conseguenze fatali.

Conclusione

La Datura è una pianta dall'aspetto affascinante ma potenzialmente letale, in grado di provocare allucinazioni e gravi problemi di salute. Conoscere le sue caratteristiche e i pericoli associati è essenziale per garantire la sicurezza personale e quella degli altri. Educazione, consapevolezza e pratiche di sicurezza sono fondamentali per interagire in modo responsabile con questa pianta avvelenatrice.

V. Sintomi di Avvelenamento da Piante: Cosa Fare Subito

1. Identificazione dei Sintomi Iniziali di Avvelenamento

L'avvelenamento da piante tossiche può manifestarsi con una varietà di sintomi, che possono variare in base alla pianta coinvolta, alla quantità ingerita e alla sensibilità individuale. La tempestiva identificazione di questi sintomi è cruciale per garantire un intervento rapido ed efficace. I sintomi iniziali sono spesso aspecifici e possono essere confusi con condizioni comuni, rendendo essenziale avere familiarità con segni distintivi di avvelenamento.

Sintomi Gastrointestinali

Uno dei segni più comuni di avvelenamento da piante è il disturbo gastrointestinale. Questo può includere nausea, vomito e diarrea. Questi sintomi di solito si presentano entro poche ore dall'ingestione e possono essere accompagnati da crampi addominali. Ad esempio, l'ingestione di Aconito, una pianta altamente tossica, può provocare nausea intensa seguita da vomito. È importante notare che questi sintomi, sebbene comuni, possono anche indicare un'intossicazione alimentare o altre malattie, quindi è fondamentale considerare la storia recente di esposizione a piante potenzialmente tossiche.

Sintomi Neurologici

Un altro gruppo di sintomi iniziali riguarda il sistema nervoso. Alcune piante tossiche, come la Belladonna, possono causare effetti neurologici che si manifestano con confusione, vertigini, allucinazioni o addirittura convulsioni. È utile tenere presente che i sintomi neurologici possono insorgere in modo repentino e intensificarsi rapidamente, richiedendo un'attenzione immediata. Un modo pratico per verificare se si è di fronte a un avvelenamento è osservare la reazione della persona: se mostra segni di confusione o comportamenti insoliti, è consigliabile considerare la possibilità di un avvelenamento.

Sintomi Cardiaci e Respiratori

Alcune piante, come la Digitalis, contengono composti che possono influenzare il cuore. I sintomi cardiaci iniziali possono includere palpitazioni, battito irregolare o aumento della frequenza cardiaca. In caso di avvelenamento, il soggetto potrebbe anche lamentare difficoltà respiratorie. È fondamentale monitorare i segni vitali in situazioni sospette di avvelenamento e, in caso di anomalie, contattare immediatamente i servizi di emergenza. Un esempio pratico sarebbe il monitoraggio della frequenza cardiaca e della respirazione, verificando se ci sono segni di affanno o affaticamento.

Sintomi Allergici

Le reazioni allergiche sono un altro segnale importante di avvelenamento. Alcune piante, come l'Euforbia, possono causare reazioni cutanee, gonfiore o prurito. In casi estremi, possono insorgere sintomi di shock anafilattico, che richiedono un intervento medico immediato. È utile avere sempre a disposizione un kit di emergenza per allergie, specialmente se si è consapevoli di avere reazioni avverse a piante specifiche.

Comportamenti da Avere in Caso di Sintomi Iniziali

In caso di sospetto avvelenamento, è importante mantenere la calma e raccogliere tutte le informazioni possibili, compreso il tipo di pianta coinvolta e la quantità ingerita. Se si hanno a disposizione campioni della pianta o della sostanza tossica, è utile portarli con sé quando si cerca assistenza medica, poiché possono aiutare i professionisti a identificare il trattamento più appropriato.

Infine, la consapevolezza e la preparazione sono le chiavi per affrontare situazioni di avvelenamento. Riconoscere i sintomi iniziali e sapere come agire può fare la differenza tra una situazione gestibile e un'emergenza seria. Familiarizzarsi con le piante velenose più comuni e i loro sintomi è un passo fondamentale per proteggere se stessi e gli altri da potenziali avvelenamenti.

2. Sintomi Gastrointestinali: Nausea, Vomito e Diarrea

L'avvelenamento da piante tossiche è spesso accompagnato da sintomi gastrointestinali, che rappresentano una delle manifestazioni più comuni e immediate. Nausea, vomito e diarrea possono insorgere rapidamente dopo l'ingestione di sostanze tossiche e sono segni chiave che possono indicare una grave intossicazione. La comprensione di questi sintomi è fondamentale per un riconoscimento tempestivo e per adottare misure appropriate in caso di avvelenamento.

Nausea: Un Sintomo Iniziale

La nausea è spesso il primo segnale di avvelenamento e può manifestarsi in modo subdolo, evolvendo rapidamente in vomito. Può essere accompagnata da una sensazione di malessere generale e sudorazione. Ad esempio, nel caso di avvelenamento da Aconito, uno dei veleni vegetali più pericolosi, la nausea si presenta generalmente entro un'ora dall'ingestione. Le persone colpite possono sentirsi fiacche e ansiose, con un aumento della salivazione. È importante prestare attenzione a questo sintomo, in quanto potrebbe precedere l'insorgenza di sintomi più gravi.

Cosa Fare: Riconoscere la Nausea

Se una persona mostra segni di nausea dopo l'ingestione di una pianta tossica, è fondamentale rimanere calmi e monitorare il soggetto. È consigliabile:

1. **Sedere o sdraiare la persona:** Una posizione comoda può alleviare il senso di nausea.

2. **Fornire acqua:** Se la persona è in grado di bere, un sorso d'acqua può aiutare a mantenere l'idratazione, ma si dovrebbe evitare di forzare il bere se il vomito è imminente.

3. **Evitate cibi solidi:** Non offrire cibi solidi fino a quando i sintomi non si sono attenuati.

Vomito: La Reazione del Corpo

Il vomito è una reazione naturale del corpo per espellere sostanze nocive. Tuttavia, il vomito può essere molto debilitante e, se non gestito, può portare a disidratazione. Nel caso di piante come la Belladonna, il vomito può essere accompagnato da convulsioni e confusione. È cruciale essere in grado di distinguere tra un vomito occasionale e uno che indica una grave intossicazione.

Cosa Fare: Gestire il Vomito

In caso di vomito, è importante:

1. **Stare calmi:** Rimanere tranquilli aiuta a mantenere la situazione sotto controllo.

2. **Fornire supporto:** Assistere la persona mentre vomita e assicurarsi che non si soffochi. È meglio posizionarla con la testa inclinata su un lato.

3. **Raccogliere campioni:** Se possibile, raccogliere un campione di vomito per identificare la pianta tossica, il che può essere utile per i professionisti della salute.

Diarrea: Un Segnale di Avvelenamento

La diarrea è un altro sintomo comune in caso di avvelenamento da piante tossiche. Questo sintomo può portare a una rapida perdita di liquidi e sali minerali, aggravando il rischio di disidratazione. Piante come il Ricino possono causare diarrea profusa, accompagnata da dolori addominali e crampi.

Cosa Fare: Trattare la Diarrea

Se una persona presenta diarrea dopo l'ingestione di una pianta tossica, si dovrebbero adottare le seguenti misure:

1. **Monitorare l'idratazione:** È fondamentale assicurarsi che la persona beva liquidi in piccole quantità, come acqua o soluzioni reidratanti orali, per compensare la perdita di liquidi.

2. **Evitare farmaci antidiarroici:** Non somministrare farmaci senza il consiglio di un medico, in quanto potrebbero peggiorare la situazione in caso di avvelenamento.

3. **Contattare un medico:** Se i sintomi persistono o si intensificano, è essenziale cercare assistenza medica.

Conclusione

I sintomi gastrointestinali di avvelenamento da piante, come nausea, vomito e diarrea, sono indicatori chiave di un'intossicazione che richiede un intervento immediato. È fondamentale conoscere le piante tossiche più comuni e monitorare i segni clinici per garantire un trattamento tempestivo. In caso di sospetto avvelenamento, consultare un professionista della salute è sempre la scelta migliore. Essere informati e preparati è il primo passo per affrontare efficacemente qualsiasi situazione di avvelenamento.

3. Sintomi Neurologici: Confusione, Allucinazioni e Convulsioni

L'avvelenamento da piante tossiche non si limita a manifestazioni fisiche come nausea e diarrea; può avere anche effetti devastanti sul sistema nervoso centrale. Sintomi neurologici come confusione, allucinazioni e convulsioni sono indicatori chiave di un'intossicazione grave e richiedono un'attenzione immediata. Comprendere questi sintomi e le piante che possono causarli è fondamentale per riconoscere un avvelenamento e agire tempestivamente.

Confusione: Un Segnale di Allerta

La confusione è uno dei sintomi neurologici più comuni in caso di avvelenamento. Può manifestarsi come una ridotta capacità di concentrazione, disorientamento e difficoltà a comprendere il proprio ambiente. Ad esempio, l'ingestione di piante come la **Belladonna** o il **Conio** può portare a stati di confusione mentale. Queste piante contengono sostanze chimiche che interferiscono con i neurotrasmettitori del cervello, causando una diminuzione della lucidità e un'alterazione della percezione.

Cosa Fare: Affrontare la Confusione

Se una persona mostra segni di confusione dopo aver ingerito una pianta tossica, è importante:

1. **Rimanere calmi:** Parlare in modo rassicurante può aiutare a mantenere la persona tranquilla e a ridurre il panico.

2. **Valutare l'ambiente:** Assicurarsi che l'ambiente circostante sia sicuro e privo di pericoli, poiché la confusione può portare a comportamenti avventati.

3. **Contattare un medico:** È fondamentale chiedere assistenza medica immediata, poiché la confusione può essere un segno di avvelenamento serio.

Allucinazioni: Una Manifestazione Disturbante

Le allucinazioni, sia visive che uditive, possono verificarsi in seguito all'avvelenamento da piante come il **Datura** o l'**Aconito**. Questi sintomi sono particolarmente inquietanti e possono far sentire l'individuo in pericolo, anche se non lo è. Le allucinazioni possono manifestarsi in vari modi, da visioni di oggetti o persone che non esistono a suoni che non hanno origine nel mondo reale.

Cosa Fare: Gestire le Allucinazioni

In presenza di allucinazioni, è essenziale:

1. **Mantenere la calma:** Rimanere calmi e parlare in modo rassicurante può aiutare a ridurre l'ansia della persona.

2. **Evitare il contatto fisico:** Se la persona è spaventata o confusa, evitare di toccarla può prevenire reazioni aggressive o spaventate.

3. **Ambiente sicuro:** Assicurarsi che la persona sia in un ambiente sicuro, lontano da oggetti potenzialmente pericolosi.

4. **Chiamare i soccorsi:** È cruciale contattare i servizi medici per un intervento immediato.

Convulsioni: Un Sintomo Critico

Le convulsioni rappresentano uno dei sintomi neurologici più gravi in caso di avvelenamento. Possono manifestarsi come spasmi muscolari involontari e perdita di coscienza. Piante come il **Ricinus** e la **Digitale** possono provocare convulsioni a causa delle tossine presenti. Le convulsioni non solo indicano un'intossicazione severa, ma possono anche portare a complicazioni pericolose come la lesione fisica o l'asfissia.

Cosa Fare: Interventi Durante una Convulsione

In caso di convulsioni, è fondamentale seguire queste linee guida:

1. **Mantenere la calma:** La calma dell'osservatore può contribuire a mantenere la situazione sotto controllo.

2. **Proteggere la persona:** Spostare oggetti pericolosi o affilati dall'area circostante per prevenire lesioni.

3. **Non trattenere la persona:** Evitare di immobilizzare la persona, poiché questo potrebbe causare lesioni.

4. **Monitorare la durata:** Cronometrare la durata della convulsione. Se dura più di cinque minuti, contattare immediatamente i soccorsi.

5. **Assistere al risveglio:** Dopo la convulsione, la persona potrebbe essere confusa o disorientata. Rimanere vicino e fornire supporto.

Conclusione

I sintomi neurologici di avvelenamento, come confusione, allucinazioni e convulsioni, sono segnali cruciali di una situazione potenzialmente letale. Riconoscerli tempestivamente e sapere come agire può fare la differenza tra la vita e la morte. È fondamentale consultare immediatamente un professionista sanitario in caso di sospetto avvelenamento, garantendo così un trattamento tempestivo e adeguato. Essere informati sui rischi delle piante tossiche e sui sintomi associati è il primo passo per proteggere sé stessi e gli altri.

4. Sintomi Cardiaci: Palpitazioni e Ipertensione

L'avvelenamento da piante tossiche non si manifesta solo attraverso sintomi gastrointestinali o neurologici, ma può anche colpire il sistema cardiaco. Le palpitazioni e l'ipertensione sono segnali importanti che indicano un possibile avvelenamento. È fondamentale sapere come riconoscere questi sintomi e quali piante possono provocarli, poiché una reazione cardiaca anomala può rapidamente trasformarsi in una situazione di emergenza.

Palpitazioni: Un Battito Irregolare

Le palpitazioni sono un'esperienza sgradevole che molte persone descrivono come una sensazione di battito cardiaco accelerato, irregolare o "saltato". In contesti di avvelenamento, le palpitazioni possono derivare dall'ingestione di piante contenenti sostanze chimiche tossiche che influenzano il sistema cardiaco. Piante come la **Digitale** e il **Ricinus** sono note per il loro potenziale cardiotossico.

La **Digitale**, in particolare, contiene glicosidi cardiaci, che possono aumentare la forza e la frequenza del battito cardiaco. Tuttavia, un eccesso di questi glicosidi può portare a un'inversione dell'effetto, causando aritmie pericolose. Anche il **Ricinus**, attraverso la tossina ricina, può alterare le normali funzioni cardiache, portando a palpitazioni e altri disturbi cardiovascolari.

Cosa Fare: Gestire le Palpitazioni
Quando si sospetta che qualcuno abbia subito un avvelenamento e manifesta palpitazioni, è essenziale intervenire in modo tempestivo:

1. **Rimanere Calmi:** La calma è fondamentale per non aggravare la situazione. Parlare in modo rassicurante può aiutare la persona a sentirsi più tranquilla.

2. **Posizionare la Persona:** Far sedere o sdraiare la persona in una posizione comoda, preferibilmente in un ambiente fresco e ben ventilato.

3. **Monitorare i Sintomi:** Tenere d'occhio la frequenza cardiaca e il comportamento generale della persona. Se le palpitazioni persistono o aumentano, è un segnale di allerta.

4. **Chiamare i Soccorsi:** È fondamentale contattare immediatamente un medico o recarsi al pronto soccorso per un'analisi approfondita.

Ipertensione: La Pressione Sanguigna Sotto Minaccia

L'ipertensione, ovvero l'aumento della pressione sanguigna, è un altro sintomo che può insorgere a seguito di avvelenamento. Piante come l'**Aconito** e l'**Ephedra** possono influenzare il sistema cardiovascolare, causando un aumento significativo della pressione sanguigna. Queste piante contengono sostanze che agiscono come stimolanti, accelerando il battito cardiaco e costringendo i vasi sanguigni.

Quando la pressione sanguigna aumenta, può portare a sintomi gravi come mal di testa, vertigini e, nei casi più gravi, a crisi ipertensive, che possono essere potenzialmente letali.

Cosa Fare: Gestire l'Ipertensione

In caso di ipertensione dovuta a avvelenamento da piante tossiche, è importante adottare le seguenti misure:

1. **Monitoraggio della Pressione Sanguigna:** Se possibile, utilizzare un misuratore di pressione per verificare i livelli. Un valore superiore a 180/120 mmHg è un'emergenza medica.

2. **Posizionamento Adeguato:** Far sdraiare la persona in posizione supina con le gambe sollevate per facilitare il ritorno venoso e ridurre la pressione.

3. **Rimanere Calm:** L'ansia può esacerbare la pressione sanguigna. Parlare in modo rassicurante e mantenere un ambiente tranquillo è fondamentale.

4. **Contattare i Medici:** È cruciale chiamare i soccorsi se l'ipertensione persiste o se ci sono segni di grave distress, come dolore al petto o difficoltà respiratorie.

Conclusione

Le palpitazioni e l'ipertensione sono sintomi critici che possono emergere in caso di avvelenamento da piante tossiche. Riconoscerli e intervenire tempestivamente è essenziale per garantire la sicurezza della persona coinvolta. Essere informati sui rischi associati a piante tossiche e sui loro effetti sul sistema cardiaco è il primo passo per prevenire situazioni di emergenza. La rapidità di azione può salvare vite, rendendo fondamentale la conoscenza e la consapevolezza riguardo a questi sintomi.

5. Reazioni Allergiche: Eruzioni Cutanee e Shock Anafilattico

L'esposizione a piante velenose non si limita solo agli effetti tossici generali; può anche innescare reazioni allergiche che, in alcuni casi, possono essere estremamente gravi. Le eruzioni cutanee e lo shock anafilattico sono manifestazioni di tali reazioni, ed è essenziale saperle riconoscere e gestire rapidamente per evitare conseguenze fatali.

Eruzioni Cutanee: Sintomi e Riconoscimento

Le eruzioni cutanee sono una delle forme più comuni di reazione allergica a piante velenose. Queste possono manifestarsi in vari modi, da semplici arrossamenti e pruriti a dermatiti più gravi. Alcune piante, come la **Urtica dioica** (ortica), sono notoriamente famose per causare prurito e eruzioni cutanee in seguito al contatto diretto con la pelle.

Un altro esempio è il **Rhus toxicodendron**, noto come "poison ivy" o "felce velenosa", che può causare una reazione cutanea molto intensa. I sintomi tipici includono:

- **Arrossamento:** La pelle colpita diventa rossa e infiammata.

- **Prurito:** Una sensazione di forte prurito che può portare a graffiarsi, aggravando la condizione.

- **Vesciche:** In casi più gravi, possono formarsi vesciche piene di liquido che si rompono e causano ulcere.

Cosa Fare: Gestire le Eruzioni Cutanee
Quando si sospetta una reazione allergica con eruzione cutanea, è fondamentale intervenire rapidamente:

1. **Allontanarsi dalla Fonte:** Se si è stati a contatto con una pianta tossica, la prima cosa da fare è allontanarsi e lavare immediatamente la zona interessata con acqua e sapone per rimuovere eventuali residui.

2. **Applicazione di Creme Lenitive:** Utilizzare creme o unguenti a base di corticosteroidi per ridurre l'infiammazione e il prurito. L'aloe vera è un rimedio naturale che può anche alleviare il fastidio.

3. **Antistaminici:** Se l'eruzione cutanea è accompagnata da prurito intenso, si possono assumere antistaminici orali, come la cetirizina, per alleviare i sintomi.

4. **Consultare un Medico:** Se l'eruzione non migliora entro pochi giorni o si aggravano i sintomi, è consigliabile consultare un medico per una valutazione approfondita e possibili trattamenti.

Shock Anafilattico: Un'Emergenza Medica

Il quadro si complica ulteriormente quando si verifica uno shock anafilattico, una reazione allergica estremamente grave e potenzialmente letale. Lo shock anafilattico può svilupparsi rapidamente dopo l'esposizione a una pianta tossica, e la sua rapidità di insorgenza lo rende un'emergenza medica assoluta. Le piante come il **Gelsemium sempervirens** e il **Cicuta** possono indurre questa grave reazione in alcune persone, anche se raramente.

Sintomi di Shock Anafilattico

Riconoscere i sintomi di shock anafilattico è vitale:

- **Difficoltà respiratoria:** Gonfiore della gola o delle vie respiratorie che porta a difficoltà respiratorie.

- **Palpitazioni:** Battito cardiaco accelerato o irregolare.
- **Eruzioni cutanee:** In aggiunta a quelle localizzate, possono manifestarsi macchie rosse su tutto il corpo.

- **Abbassamento della pressione sanguigna:** Ciò può portare a svenimenti o perdita di coscienza.

Cosa Fare: Intervento Rapido

Lo shock anafilattico richiede un intervento immediato:

1. **Chiamare i Soccorsi:** La prima cosa da fare è chiamare il numero di emergenza (112 in Italia) per ottenere assistenza.

2. **Adrenalina:** Se la persona è predisposta a reazioni allergiche severe e ha un autoiniettore di adrenalina (EpiPen), deve somministrarlo immediatamente. L'adrenalina aiuta a ridurre l'infiammazione e a ristabilire la respirazione normale.

3. **Rimanere Calmi:** È importante mantenere la calma e cercare di tranquillizzare la persona colpita fino all'arrivo dei soccorsi.

4. **Monitorare i Sintomi:** Fino all'arrivo dei soccorsi, è cruciale monitorare i sintomi e mantenere la persona in posizione comoda.

Conclusione

Le reazioni allergiche a piante velenose possono variare da eruzioni cutanee fastidiose a situazioni di emergenza potenzialmente letali come lo shock anafilattico. La conoscenza dei sintomi e delle azioni da intraprendere può fare la differenza tra la vita e la morte. Essere informati e preparati ad affrontare tali reazioni è fondamentale, specialmente per chi trascorre tempo in natura o lavora con piante. La rapidità di azione e la consapevolezza possono garantire la sicurezza e il benessere.

6. Procedure Immediate da Seguire in Caso di Avvelenamento

Quando si sospetta un avvelenamento da piante, il tempo è un fattore cruciale. Riconoscere rapidamente i sintomi e intraprendere le giuste azioni può fare la differenza tra una situazione gestibile e un'emergenza medica. In questo paragrafo, esploreremo le procedure immediate da seguire in caso di avvelenamento, offrendo istruzioni dettagliate per garantire la sicurezza della persona colpita.

1. Valutazione della Situazione

Il primo passo è valutare la situazione in modo chiaro e calmo. Identificare i sintomi e la pianta sospetta è fondamentale. Fattori da considerare includono:

- **Tipo di pianta:** Se possibile, cerca di identificare la pianta coinvolta. Avere un campione della pianta o una foto può aiutare i professionisti a determinare il trattamento più appropriato.

- **Tempo di esposizione:** Quando si è verificato il contatto con la pianta? Un intervallo di tempo breve può richiedere interventi diversi rispetto a uno più lungo.

- **Sintomi manifestati:** Nota i sintomi specifici, come nausea, vomito, difficoltà respiratorie o eruzioni cutanee. Queste informazioni saranno utili ai soccorritori.

2. Contattare i Soccorsi

Se si sospetta un avvelenamento, è essenziale contattare immediatamente i servizi di emergenza (112 in Italia):

- **Fornire informazioni dettagliate:** Quando chiami, assicurati di fornire informazioni chiare e dettagliate sulla situazione, incluso il tipo di pianta, i sintomi e il tempo trascorso dall'esposizione.

- **Rimanere al telefono:** Segui le istruzioni del personale medico e rimanere al telefono fino all'arrivo dei soccorsi. Possono fornirti indicazioni su come gestire la situazione nel frattempo.

3. Gestione dei Sintomi

A seconda dei sintomi presenti, potrebbero essere necessarie azioni immediate. Ecco alcune indicazioni specifiche:

Nausea e Vomito

Se la persona mostra segni di nausea e vomito:

- **Non indurre il vomito:** Non cercare di far vomitare la persona, a meno che non sia espressamente consigliato dai professionisti. In alcuni casi, il vomito può causare ulteriori danni.

- **Posizionamento:** Mantieni la persona in posizione seduta o reclinata su un lato per prevenire l'aspirazione nel caso di vomito.

Difficoltà Respiratorie

In caso di difficoltà respiratorie o gonfiore della gola:

- **Posizione comoda:** Fai sedere la persona in una posizione che favorisca la respirazione, come inclinata in avanti o reclinata con la testa sollevata.

- **Controllo dell'aria:** Assicurati che la persona abbia accesso a un ambiente ben ventilato e privo di fumi tossici o sostanze irritanti.

Eruzioni Cutanee o Reazioni Allergiche
Se si manifestano eruzioni cutanee o reazioni allergiche:

- **Rimuovere i vestiti contaminati:** Se l'abbigliamento è entrato in contatto con la pianta velenosa, rimuovilo con cautela.

- **Lavaggio della pelle:** Lava immediatamente la pelle interessata con acqua e sapone per ridurre l'assorbimento del veleno. Evita di sfregare la zona, poiché ciò può aumentare l'irritazione.

- **Applicazione di creme:** Se disponibile, applica creme lenitive a base di corticosteroidi per alleviare prurito e infiammazione.

4. Conservazione della Pianta
Se hai un campione della pianta coinvolta:

- **Conservazione sicura:** Riponi la pianta in un contenitore chiuso o avvolgila in un sacchetto per il trasporto, evitando il contatto diretto.

- **Informazioni per i soccorsi:** Fornisci il campione ai soccorritori quando arrivano; potrebbe essere utile per identificare il veleno e stabilire il trattamento.

5. Monitoraggio della Persona Colpita

Fino all'arrivo dei soccorsi, monitora costantemente la persona colpita:

- **Controllo dei segni vitali:** Verifica la frequenza cardiaca, la respirazione e la coscienza della persona. Se la situazione peggiora, informalo immediatamente.

- **Rimanere tranquilli:** È fondamentale mantenere la calma e rassicurare la persona colpita, poiché lo stress può aggravare i sintomi.

Conclusione

In caso di avvelenamento da piante, la prontezza e la correttezza delle azioni intraprese possono salvare vite. Familiarizzare con queste procedure può equipaggiare chiunque a rispondere in modo efficace a situazioni di avvelenamento, contribuendo a garantire la sicurezza e il benessere della persona colpita. Ricorda sempre che la prevenzione è la chiave: conosci le piante velenose e le loro caratteristiche per ridurre il rischio di esposizione.

7. Quando Contattare i Servizi di Emergenza

La rapidità di intervento è cruciale in caso di avvelenamento da piante. Sapere quando contattare i servizi di emergenza può significare la differenza tra una rapida risoluzione della situazione e complicazioni gravi. In questo paragrafo, esploreremo i criteri fondamentali per decidere quando è necessario chiamare i soccorsi, fornendo indicazioni chiare e pratiche per gestire tali situazioni critiche.

1. Riconoscere i Segnali di Allerta

Non tutti gli avvelenamenti da piante manifestano sintomi immediatamente gravi, ma è fondamentale sapere quali segnali di allerta giustificano una chiamata ai servizi di emergenza. Ecco alcuni segnali da considerare:

Sintomi Gravi

- **Difficoltà respiratorie:** Se la persona presenta sintomi come respiro affannoso, wheezing (fischi durante la respirazione) o gonfiore della gola, è essenziale contattare immediatamente i soccorsi. Questi sintomi possono indicare una reazione allergica grave o un avvelenamento che compromette le vie respiratorie.

- **Perdita di coscienza:** Se la persona è svenuta o non risponde a stimoli, è necessario chiamare i soccorsi senza indugi. La perdita di coscienza può essere causata da avvelenamento severo e richiede un intervento medico urgente.

- **Convulsioni:** La presenza di convulsioni è un segnale di allerta critica. Questo sintomo può indicare un avvelenamento neurologico e richiede assistenza immediata.

Sintomi Moderati

- **Dolori addominali severi:** Anche se nausea e vomito sono comuni, dolori addominali intensi possono segnalare una reazione più grave e necessitano di attenzione medica.

- **Eruzioni cutanee estese:** Se si osservano eruzioni cutanee che si diffondono rapidamente o accompagnate da gonfiore, potrebbe essere un segno di una reazione allergica sistemica. In questo caso, è fondamentale chiamare i soccorsi.

2. Situazioni di Incerta Identità della Pianta

Anche in assenza di sintomi gravi, è importante considerare di contattare i servizi di emergenza se non si è certi dell'identità della pianta coinvolta. Ecco alcune situazioni in cui è consigliato:

- **Contatto con piante sconosciute:** Se qualcuno ha toccato o ingerito una pianta di cui non si conoscono le caratteristiche, è meglio contattare i servizi di emergenza. Fornire il maggior numero possibile di dettagli sulla pianta, come la descrizione fisica e l'area in cui è stata trovata, può essere utile.

- **Ingestione di piante non commestibili:** Se c'è il sospetto che una pianta velenosa o non commestibile sia stata ingerita, è meglio errere cauti e chiamare i soccorsi per una valutazione. Anche piccole quantità di piante tossiche possono causare effetti avversi.

3. Monitoraggio dei Sintomi

Durante l'attesa dei soccorsi, è importante monitorare i sintomi e fornire aggiornamenti ai professionisti:

- **Registrare il tempo:** Tieni traccia di quando sono comparsi i sintomi e della loro evoluzione. Questo può fornire informazioni preziose ai soccorritori.

- **Osservare le condizioni:** Annotare qualsiasi cambiamento nelle condizioni della persona colpita. Ad esempio, se i sintomi peggiorano o migliorano, è importante comunicarlo al personale medico.

4. Non Sottovalutare i Sintomi

Anche se i sintomi sembrano moderati all'inizio, non sottovalutare mai l'importanza di contattare i servizi di emergenza. Alcuni veleni possono avere effetti ritardati, quindi è sempre meglio errere dalla parte della cautela. Se hai dei dubbi, non esitare a chiamare.

5. Come Contattare i Servizi di Emergenza

Quando sei pronto a contattare i servizi di emergenza, assicurati di fornire le seguenti informazioni:

- **Descrizione del problema:** Spiega chiaramente che si sospetta un avvelenamento da piante e descrivi i sintomi presenti.

- **Informazioni sulla pianta:** Se possibile, fornisci dettagli sulla pianta coinvolta, inclusi il nome, l'aspetto e il luogo in cui è stata trovata.

- **Condizioni della persona:** Comunica la condizione attuale della persona colpita, compresi i segni vitali se visibili.

Conclusione

Sapere quando contattare i servizi di emergenza è fondamentale in caso di avvelenamento da piante. Riconoscere i segnali di allerta, monitorare i sintomi e comunicare in modo chiaro con i soccorritori possono aiutare a garantire un trattamento rapido ed efficace. Ricorda che la sicurezza e la salute della persona colpita devono essere la priorità principale, e in caso di dubbio, è sempre meglio contattare i servizi di emergenza.

8. Primi Interventi in Caso di Avvelenamento da Piante Tossiche

In caso di avvelenamento da piante tossiche, la rapidità e la correttezza delle azioni intraprese possono influire significativamente sull'esito della situazione. Questo paragrafo fornisce una guida dettagliata sui primi interventi da seguire, per garantire la sicurezza della persona coinvolta e minimizzare i rischi di complicazioni. Seguire queste istruzioni pratiche è fondamentale, non solo per la sicurezza immediata, ma anche per facilitare l'intervento dei professionisti sanitari.

1. Valutazione della Situazione

La prima cosa da fare quando si sospetta un avvelenamento da piante è valutare rapidamente la situazione:

- **Rimuovere la fonte di avvelenamento:** Se possibile, allontana la persona dalla pianta tossica. Se l'avvelenamento è avvenuto a seguito di contatto con la pelle, rimuovi immediatamente eventuali indumenti contaminati.

- **Stabilire il tipo di pianta:** Se conosci il nome della pianta coinvolta, cerca di identificare rapidamente le sue caratteristiche. In caso di dubbio, annota le caratteristiche fisiche, come forma delle foglie, colore dei fiori e altri dettagli visivi. Questo sarà utile ai soccorritori per determinare il trattamento necessario.

2. Controllo dei Sintomi

Dopo aver rimosso la fonte di avvelenamento, controlla i sintomi della persona coinvolta:

- **Verificare lo stato di coscienza:** Assicurati che la persona sia cosciente e in grado di comunicare. In caso di perdita di coscienza o incapacità di rispondere, chiama immediatamente i servizi di emergenza.

- **Osservare i sintomi:** Monitora attentamente i sintomi presenti. Presta particolare attenzione a segni di difficoltà respiratoria, gonfiore della gola, nausea, vomito e altri segnali di allerta. Questo aiuterà a fornire informazioni preziose ai professionisti sanitari.

3. Tecniche di Primo Soccorso

A seconda dei sintomi e del tipo di avvelenamento, segui queste tecniche di primo soccorso:

Ingestione di Piante Tossiche

- **Non indurre il vomito:** A meno che non sia indicato da un professionista medico, non cercare di indurre il vomito. In alcuni casi, il vomito può causare ulteriori danni, soprattutto se la pianta ingerita contiene sostanze corrosive.

- **Acqua o latte:** Se la persona è cosciente e in grado di deglutire, offrire piccoli sorsi d'acqua o latte può aiutare a diluire le tossine. Evita di somministrare altri liquidi o alimenti, in quanto potrebbero complicare la situazione.

Contatto con la Pelle

- **Lavare immediatamente la zona:** Se la pianta è entrata in contatto con la pelle, lava immediatamente la zona interessata con acqua e sapone. È fondamentale rimuovere ogni residuo di linfa o sostanza tossica.

- **Rimuovere anelli e gioielli:** Se l'area esposta si gonfia, rimuovi eventuali anelli o gioielli prima che il gonfiore aumenti, per evitare di bloccare la circolazione.

Contatto con gli Occhi

- **Lavare gli occhi:** In caso di contatto con gli occhi, sciacqua immediatamente l'occhio interessato con acqua corrente per almeno 15 minuti. È importante non strofinare l'occhio, poiché ciò può aggravare il problema.

4. Monitoraggio delle Condizioni

Mentre attendi l'arrivo dei soccorsi, continua a monitorare le condizioni della persona:

- **Registrare i sintomi:** Tieni traccia di eventuali cambiamenti nei sintomi. Questo include il deterioramento o il miglioramento dello stato di salute, che può fornire ai medici informazioni utili.

- **Mantieni la calma:** Rimanere calmi aiuta a mantenere la situazione sotto controllo e rassicurare la persona colpita. Parla con essa e chiedile di concentrarsi sulla propria respirazione, se necessario.

5. Preparazione per i Soccorsi

Quando i servizi di emergenza arrivano, assicurati di fornire tutte le informazioni necessarie:

- **Descrizione del problema:** Spiega chiaramente che si sospetta un avvelenamento da piante e descrivi i sintomi che si sono manifestati.

- **Dettagli sulla pianta:** Se conosci la pianta coinvolta, condividi le informazioni raccolte precedentemente, come il nome e le caratteristiche fisiche.

- **Condizioni del paziente:** Comunica le condizioni attuali della persona colpita e qualsiasi intervento già effettuato.

Conclusione

Essere preparati e sapere come reagire in caso di avvelenamento da piante tossiche è fondamentale per garantire la sicurezza e la salute della persona coinvolta. Seguendo questi passi e agendo con prontezza, è possibile ridurre i rischi e facilitare l'intervento medico. Ricorda che la conoscenza è potere: informarsi sulle piante tossiche e sui primi soccorsi può fare la differenza tra una situazione critica e una gestione efficace.

VI. Difendersi dalle Piante Velenose: Precauzioni e Strumenti Utili

1. Conoscere le Piante Velenose: Guida alla Identificazione

Identificare correttamente le piante velenose è il primo passo fondamentale per evitare esposizioni accidentali. In Italia, molte piante tossiche si trovano comunemente in giardini, campi, boschi e anche in parchi cittadini, rendendo essenziale una conoscenza approfondita delle loro caratteristiche distintive. La capacità di riconoscere una pianta velenosa, anche in fase di germoglio, fioritura o maturazione dei frutti, può fare la differenza tra un incontro sicuro e un potenziale pericolo. Questo paragrafo offre una guida dettagliata per aiutare principianti ed esperti a sviluppare un "occhio clinico" per identificare le piante velenose comuni in modo accurato.

Studio delle Caratteristiche Principali

Ogni pianta velenosa ha delle caratteristiche specifiche che la rendono distinguibile, anche se alcuni esemplari possono essere confusi con specie innocue. Per un'identificazione efficace, è utile concentrarsi su alcuni aspetti chiave:

- **Foglie:** Osservare la forma, la disposizione e la texture delle foglie. Ad esempio, la cicuta ha foglie finemente divise, simili a quelle del prezzemolo, ma emana un odore sgradevole se schiacciata.

- **Fiori:** I fiori possono essere particolarmente utili per l'identificazione. L'oleandro, ad esempio, presenta fiori colorati a forma di trombetta, in genere rosa, rossi o bianchi.

- **Frutti e Bacche:** Molte piante tossiche producono bacche o frutti dai colori accesi, come la belladonna, le cui bacche nere lucide attirano spesso i bambini.

- **Corteccia e Tronco:** L'aspetto della corteccia e il portamento del tronco possono anch'essi offrire indicazioni utili. Ad esempio, il ricino ha un tronco robusto e spesso screziato.

Utilizzo di Strumenti di Riconoscimento Visivo

Oggi, grazie alla tecnologia, è possibile avvalersi di applicazioni di riconoscimento delle piante, come PlantSnap o PictureThis, che offrono informazioni in tempo reale basate su fotografie scattate sul campo. Tuttavia, è sempre consigliabile confrontare i risultati con una guida illustrata o una fonte esperta, poiché le app non sempre distinguono tra piante velenose e non. Uno strumento particolarmente utile è un manuale tascabile di piante velenose locali, che può essere consultato rapidamente in escursione.

Sviluppare l'Abitudine alla Verifica

Quando si ha anche solo il sospetto di trovarsi di fronte a una pianta tossica, è fondamentale sviluppare l'abitudine di verificare con attenzione. Ad esempio, se si nota una pianta con caratteristiche simili alla digitale, è prudente evitare il contatto diretto fino a una conferma. Un errore comune è basarsi solo sull'aspetto esteriore: alcuni esemplari possono essere simili ad altre piante commestibili. Un buon metodo per i principianti è tenere un diario di campo in cui annotare le piante sospette incontrate, descrivendo caratteristiche osservate e zone di crescita.

L'Importanza dell'Esperienza Diretta

Il modo più efficace per imparare a riconoscere le piante velenose è praticare l'osservazione diretta sul campo, idealmente accompagnati da un esperto o utilizzando un manuale illustrato. Per chi non ha accesso a queste risorse, sono utili anche i corsi di botanica e gli incontri con esperti di erboristeria o botanica, che spesso offrono sessioni di riconoscimento pratico. Una volta riconosciuti i principali esemplari tossici di una zona, sarà più semplice evitare errori anche con le specie meno comuni.

Consigli Pratici per i Principianti

Per chi è alle prime armi, ecco alcuni suggerimenti pratici per identificare le piante velenose con sicurezza:

1. **Fotografare e Annotare:** Scattare foto dettagliate delle piante sospette per confrontarle successivamente con risorse di riferimento. Annotare l'ambiente circostante e le condizioni climatiche in cui si è incontrata la pianta può aiutare a creare un profilo accurato.

2. **Indossare Guanti e Maniche Lunghe:** Quando si esplora un'area potenzialmente infestata da piante velenose, è consigliabile proteggersi con indumenti adeguati, in modo da evitare il contatto accidentale.

3. **Osservare con Cautela:** Evitare di toccare o annusare qualsiasi pianta non identificata. Alcune specie rilasciano sostanze tossiche anche attraverso il contatto cutaneo, come l'euforbia, la cui linfa è irritante per la pelle.

Esempi Pratici di Identificazione

Un esempio di come applicare questi consigli è rappresentato dall'identificazione della belladonna, pianta che cresce spontaneamente in molti boschi italiani. Per riconoscerla, si può osservare l'aspetto delle bacche nere, simili a piccole ciliegie, e delle foglie ovali di colore verde scuro. Anche il ciclamino selvatico può risultare ingannevole per la somiglianza con altre piante ornamentali, ma presenta una radice velenosa che emana un forte odore quando tagliata.

Conclusione

Riconoscere le piante velenose richiede attenzione e pratica costante. Mentre una conoscenza di base aiuta a identificare le specie più comuni, una pratica regolare e l'uso di strumenti adeguati permettono di migliorare le capacità di identificazione nel tempo. Con un approccio consapevole e attento, si possono ridurre al minimo i rischi legati al contatto accidentale con piante tossiche.

2. Abbigliamento Protettivo: Cosa Indossare in Giardino

Quando si lavora in giardino, soprattutto in presenza di piante potenzialmente velenose, è fondamentale utilizzare abbigliamento adeguato che minimizzi il rischio di esposizione. Vestirsi in modo protettivo non solo difende da contatti accidentali con foglie, linfe e frutti tossici, ma crea anche una barriera contro eventuali abrasioni e punture di insetti, che possono trasmettere particelle o sostanze irritanti. Questo paragrafo fornisce istruzioni precise su come vestirsi per ridurre i rischi, dettagliando gli elementi chiave dell'abbigliamento da giardino protettivo e l'uso di accessori indispensabili.

Magliette a Maniche Lunghe e Pantaloni

Il primo elemento da considerare è il tessuto dell'abbigliamento. Per garantire protezione, si consiglia l'uso di tessuti spessi e traspiranti, come il cotone resistente o tessuti tecnici da esterni, che evitano abrasioni e riducono l'assorbimento delle sostanze tossiche. Le **magliette a maniche lunghe** sono indispensabili per coprire completamente le braccia, riducendo al minimo il contatto diretto con le piante. È preferibile che siano leggere ma resistenti, per mantenere comfort anche in giornate calde senza compromettere la protezione. I **pantaloni lunghi**, invece, devono essere sufficientemente larghi da consentire movimenti comodi, ma abbastanza aderenti alle caviglie per evitare che foglie o frammenti entrino nelle scarpe.

È importante fare attenzione ai colori dell'abbigliamento: indossare tinte chiare permette di identificare più facilmente eventuali tracce di linfa o residui lasciati da piante velenose. Questo accorgimento aiuta a rimuovere tempestivamente la contaminazione e riduce il rischio di contatti indiretti.

Guanti Protettivi: La Prima Difesa per le Mani

Le mani sono le parti del corpo più esposte durante il giardinaggio. I **guanti protettivi** sono quindi essenziali, e devono essere scelti con cura. Per un uso generico, guanti in lattice o in gomma resistenti sono ideali, poiché impermeabili e facilmente lavabili. Tuttavia, per lavori che richiedono maggiore manovrabilità o contatto con piante dotate di spine, è preferibile utilizzare guanti in pelle o materiale tecnico anti-taglio. Questi proteggono meglio da punture e graffi, riducendo il rischio di lesioni che possono diventare vie d'accesso per sostanze tossiche.

È consigliabile utilizzare guanti lunghi che coprano anche i polsi, e controllare frequentemente che non presentino tagli o danni. Dopo ogni utilizzo, i guanti devono essere puliti accuratamente per rimuovere ogni residuo di piante o terriccio contaminato.

Protezione per gli Occhi e il Viso

Alcune piante velenose, come l'euforbia, rilasciano linfe irritanti che possono spruzzare accidentalmente quando vengono tagliate o spezzate. Per evitare che queste sostanze entrino in contatto con gli occhi, è consigliabile indossare **occhiali protettivi**. Gli occhiali devono coprire bene l'area oculare, preferibilmente con schermi laterali, e devono essere realizzati in materiale anti-appannamento per garantire visibilità durante l'intero lavoro.

Per la protezione del viso, particolarmente se si sta lavorando in prossimità di piante come la datura, che può rilasciare particelle tossiche nell'aria, è utile indossare una **mascherina** in tessuto o in materiale filtrante. Questa aiuta a ridurre l'inalazione di particelle sospese e protegge anche da polveri e spore, che potrebbero essere allergeniche.

Scarpe Chiuse e Calze Alte

La scelta delle calzature è altrettanto importante. **Scarpe chiuse e robuste**, preferibilmente stivali da giardinaggio in gomma o scarponi da esterno, proteggono i piedi da contatti accidentali con piante e rocce appuntite. Le suole devono essere antiscivolo e resistenti, per lavorare in sicurezza anche su terreni accidentati o umidi. È consigliabile indossare **calze alte**, che creano una protezione aggiuntiva per le caviglie e impediscono che eventuali frammenti di piante o terriccio entrino in contatto diretto con la pelle.

Consigli Pratici e Abitudini da Adottare

Oltre alla scelta dell'abbigliamento, ci sono alcuni comportamenti pratici da tenere a mente:

1. **Controllo dell'Abbigliamento prima e dopo il Lavoro:** Prima di iniziare il lavoro in giardino, verificare che l'abbigliamento sia intatto e privo di contaminazioni. A fine lavoro, togliersi l'abbigliamento con cura e lavarlo separatamente dagli altri indumenti.

2. **Evitare di Toccare il Viso:** Durante il giardinaggio, è importante evitare di toccarsi il viso o altre parti del corpo. Alcune tossine possono essere trasferite dal guanto alla pelle del viso, portando a irritazioni o rischi maggiori.

3. **Pulizia dell'Attrezzatura:** Dopo aver lavorato con piante potenzialmente tossiche, anche gli strumenti da giardinaggio devono essere puliti accuratamente per evitare contaminazioni future.

Conclusione

Vestirsi in modo appropriato per lavorare in giardino è una pratica essenziale per chi desidera proteggersi dalle piante velenose. L'abbigliamento protettivo non solo limita l'esposizione diretta, ma contribuisce anche a creare una barriera contro le sostanze tossiche, aumentando la sicurezza generale durante il giardinaggio. Adottare questi accorgimenti è fondamentale per garantire che il tempo passato in giardino rimanga un'esperienza piacevole e priva di rischi.

3. Strumenti da Giardinaggio Sicuri: Scelte Consapevoli

Quando si maneggiano piante potenzialmente velenose, gli strumenti da giardinaggio sicuri e appropriati sono essenziali per garantire la protezione e limitare il contatto con parti tossiche. La scelta degli strumenti giusti non solo facilita il lavoro, ma riduce anche i rischi di esposizione, abrasioni e lesioni che possono consentire a linfe o altre sostanze pericolose di entrare in contatto con la pelle o di essere inalate accidentalmente. In questo paragrafo, esamineremo le principali attrezzature da giardinaggio utili per lavorare in sicurezza, con esempi pratici e tecniche che consentono di sfruttare al meglio ciascuno strumento.

Forbici da Potatura e Cesoie: Precisione e Sicurezza

Uno degli strumenti indispensabili per chiunque lavori con piante, velenose o meno, è rappresentato dalle **forbici da potatura** o dalle **cesoie**. È preferibile scegliere modelli di alta qualità con lame affilate, possibilmente realizzate in acciaio inossidabile per una maggiore durata e resistenza alla corrosione. Le cesoie a lama ricurva, ad esempio, permettono di effettuare tagli più precisi e riducono il rischio che frammenti di pianta scivolino via incontrollati. Questo aspetto è fondamentale, poiché tagli netti impediscono che la pianta rilasci eccessiva linfa, evitando possibili contatti indesiderati.

Tecnica Pratica: Indossando guanti protettivi, tenere le cesoie in modo saldo e procedere al taglio mantenendo le mani a una distanza di sicurezza dal corpo. Dopo ogni utilizzo, pulire accuratamente le lame con un disinfettante o una soluzione a base di alcol, per evitare che residui di piante velenose possano contaminare tagli futuri.

Seghetti e Coltelli per Rami Grossi: Proteggersi dalle Emissioni di Linfa

Per potare o rimuovere rami più spessi, il **seghetto da giardino** è una scelta migliore rispetto alle forbici, in quanto consente tagli netti e rapidi. Alcune piante velenose come l'oleandro rilasciano linfa irritante che può spruzzare involontariamente durante il taglio: l'uso di un seghetto permette di esercitare una pressione controllata e costante, limitando la possibilità che la linfa venga proiettata in aria. **Coltelli da potatura** possono essere utilizzati per rifinire il taglio, ma devono essere maneggiati con cura per evitare incidenti.

Tecnica Pratica: Posizionare il seghetto in modo stabile e tagliare con movimenti lenti e controllati. È consigliabile indossare occhiali protettivi durante l'uso di seghetti o coltelli, in modo da proteggere gli occhi in caso di schizzi. Al termine, pulire sempre le lame con acqua e sapone o alcool, rimuovendo ogni residuo.

Rastrelli e Pale: Prevenire il Contatto Diretto con la Pelle

Quando si ha a che fare con foglie o resti di piante velenose caduti a terra, **rastrelli e pale** diventano indispensabili per evitare il contatto diretto con le mani. Rastrelli in plastica dura o metallo resistente possono essere utilizzati per raccogliere frammenti senza necessità di toccare la pianta con le mani. In caso di scavi, una **pala di medie dimensioni** consente di spostare il terreno evitando di smuovere le radici a mani nude, che possono essere altrettanto pericolose quanto le foglie in superficie.

Tecnica Pratica: Utilizzare rastrelli con manici lunghi per aumentare la distanza tra il corpo e le piante velenose, e assicurarsi di indossare sempre guanti resistenti quando si raccolgono resti. Per le pale, mantenere una presa salda e procedere con cautela, soprattutto durante lo scavo di radici.

Spruzzatori e Vaporizzatori: Applicare Soluzioni a Distanza

Per piante velenose che necessitano di trattamenti specifici, come l'applicazione di soluzioni disinfettanti o antiparassitarie, gli **spruzzatori** o **vaporizzatori** permettono di agire a distanza, evitando contatti ravvicinati. Questi strumenti sono particolarmente utili per trattare piante con spore o particelle volatili, come la datura o l'aconito, che possono rilasciare sostanze pericolose nell'aria.

Tecnica Pratica: Indossando una mascherina protettiva, caricare lo spruzzatore con la soluzione necessaria e applicare mantenendo il getto diretto sulle aree della pianta che richiedono trattamento. Fare attenzione a non dirigere lo spruzzo controvento, evitando che sostanze chimiche o particelle entrino accidentalmente in contatto con il viso.

Contenitori e Sacchi per la Raccolta dei Rifiuti

Dopo la potatura o la raccolta di foglie cadute, è essenziale avere a disposizione **contenitori o sacchi** resistenti per raccogliere i resti vegetali. Sacchi di plastica spessa o contenitori con coperchi ermetici sono ideali per impedire che residui di piante velenose vengano sparsi accidentalmente in giardino o attorno all'area di lavoro.

Tecnica Pratica: Raccogliere i resti vegetali utilizzando una pala o un rastrello, evitando di toccarli direttamente. Chiudere i sacchi con cura e smaltirli secondo le indicazioni locali. In alcuni casi, potrebbe essere necessario avvolgere le parti tagliate in strati di carta o tessuto per prevenire ulteriori contaminazioni.

Conclusione

L'utilizzo consapevole degli strumenti da giardinaggio è un passo fondamentale per ridurre i rischi derivanti dal contatto con piante velenose. Scegliere strumenti appropriati e adottare una tecnica di utilizzo sicura consente di evitare lesioni, esposizioni accidentali e la contaminazione incrociata tra attrezzi. Con queste pratiche, il giardinaggio può diventare un'attività più sicura, preservando la salute anche in presenza delle piante più tossiche.

4. Pratiche di Manutenzione: Come Gestire le Piante Velenose

La manutenzione delle piante velenose richiede un'attenzione particolare e un approccio organizzato, finalizzato a minimizzare i rischi per la salute e per l'ambiente circostante. Questa sezione intende fornire istruzioni pratiche e dettagliate su come prendersi cura di queste piante in modo sicuro, adottando misure preventive e applicando tecniche adeguate. Per chi si avvicina alla gestione di queste piante per la prima volta, è fondamentale conoscere le migliori strategie di potatura, irrigazione, contenimento e smaltimento. Una manutenzione attenta non solo riduce i rischi di esposizione, ma consente anche di preservare l'aspetto ornamentale delle piante, quando presenti in parchi, giardini o aree private.

Potatura Sicura: Come Eseguire Tagli Mirati

La potatura delle piante velenose deve essere effettuata solo con gli strumenti giusti e utilizzando dispositivi di protezione individuale (DPI), come guanti resistenti e occhiali protettivi. Molte piante rilasciano linfa o polline che, a contatto con la pelle o le mucose, possono causare irritazioni o reazioni allergiche. Il periodo ideale per potare varia a seconda della specie; tuttavia, in linea generale, è preferibile eseguire la potatura in giornate fresche e prive di vento, per evitare che eventuali particelle volatili si disperdano nell'aria. Per esempio, piante come la **NERIUM OLEANDER** e la **DATURA STRAMONIUM**, rilasciano linfa o particelle tossiche: durante la potatura, mantenere le mani sempre distanti dal viso ed evitare di toccare altre superfici.

Tecnica Pratica: Utilizzare cesoie ben affilate per ottenere tagli netti, riducendo la fuoriuscita di linfa. Dopo il taglio, pulire subito le superfici di taglio degli strumenti con alcol o disinfettante, per evitare contaminazioni future. I frammenti potati vanno immediatamente riposti in sacchi di plastica robusta e ben chiusi.

Irrigazione: Ridurre il Rischio di Contatto con Radici e Foglie

Alcune piante velenose hanno radici o foglie sotterranee che rilasciano sostanze tossiche nel terreno o nell'acqua. Irrigare queste piante richiede una certa cautela, soprattutto per evitare il contatto diretto con il substrato o con l'acqua che si accumula nelle vicinanze della pianta. Una soluzione pratica consiste nell'uso di tubi di irrigazione a goccia o sistemi a microirrigazione, che consentono di bagnare il terreno senza toccare direttamente la pianta. L'acqua che si accumula sotto queste piante può contenere tossine: è quindi importante evitare che animali o bambini vi entrino in contatto.

Tecnica Pratica: Se l'irrigazione manuale è necessaria, utilizzare un annaffiatoio con un beccuccio lungo, mantenendo le mani a una distanza sicura dalle radici e dalle foglie. Al termine dell'irrigazione, lavarsi accuratamente le mani e verificare che non ci siano residui di terra tossica rimasti su scarpe o vestiti.

Contenimento e Smaltimento dei Rifiuti Vegetali

Le pratiche di contenimento sono essenziali per evitare che le piante velenose si diffondano accidentalmente in altre aree del giardino o in aree naturali circostanti. Alcune piante, come la **CICUTA AQUATICA** e il **RICINUS COMMUNIS**, producono semi o frammenti che, se trasportati dal vento o dall'acqua, possono attecchire altrove e mettere in pericolo persone o animali. Dopo la potatura o il taglio, tutti i residui di queste piante devono essere raccolti in modo accurato e smaltiti in modo sicuro.

Tecnica Pratica: Usare sacchi di plastica spessa per raccogliere i rifiuti vegetali e chiuderli ermeticamente. Evitare di compostare i residui delle piante velenose, poiché alcune tossine possono persistere anche dopo la decomposizione. Verificare inoltre le normative locali sullo smaltimento di piante velenose, poiché in alcuni luoghi è vietato il conferimento di queste specie nei rifiuti verdi comuni.

La Manutenzione dei Luoghi: Pulizia e Igienizzazione delle Superfici

Dopo aver lavorato con piante velenose, è cruciale effettuare una pulizia approfondita delle aree di lavoro, degli strumenti utilizzati e degli indumenti indossati. La linfa, i semi e le foglie residue possono rimanere su superfici e attrezzi, aumentando il rischio di contatto involontario. Ogni volta che si completa una sessione di manutenzione, gli strumenti andrebbero lavati con acqua e disinfettante, e le superfici dovrebbero essere pulite con detergenti specifici per eliminare qualsiasi traccia tossica.

Tecnica Pratica: Utilizzare soluzioni a base di alcol o detergenti antibatterici per sanificare le superfici. Gli indumenti, inclusi i guanti, devono essere lavati separatamente dagli altri capi per evitare contaminazioni crociate. Per maggiore sicurezza, evitare di indossare gli stessi indumenti in altre attività fino a che non siano stati puliti.

Conclusione

La gestione delle piante velenose non è priva di rischi, ma una manutenzione adeguata e consapevole permette di ridurre al minimo le possibilità di esposizione a sostanze tossiche. Seguendo tecniche mirate e utilizzando le protezioni adeguate, è possibile mantenere queste piante in giardino senza mettere a rischio la propria salute e quella degli altri. Ricordarsi di utilizzare sempre dispositivi di protezione, di operare in giornate non ventose e di smaltire i residui in modo sicuro sono passaggi essenziali per una manutenzione efficace e priva di pericoli.

5. Tecniche di Raccolta e Manipolazione: Evitare il Contatto

La raccolta e manipolazione delle piante velenose richiedono una serie di tecniche specifiche e misure precauzionali per evitare il contatto diretto con le parti tossiche. Ogni pianta velenosa possiede caratteristiche uniche: alcune rilasciano tossine tramite il fogliame, altre attraverso i fusti o i semi. Per chi si avvicina alla raccolta di queste piante, è fondamentale comprendere quali strumenti utilizzare e come adottare pratiche che riducano il rischio di esposizione.

Protezione Personale: Guanti, Occhiali e Mascherine

La prima regola nella manipolazione di piante velenose è indossare adeguati dispositivi di protezione individuale (DPI). I guanti sono essenziali per evitare il contatto con la pelle: si consiglia di utilizzare guanti in nitrile o lattice, che offrono una barriera efficace contro le tossine. Evitare l'uso di guanti in tessuto, poiché alcune tossine possono attraversare facilmente i materiali porosi. Gli occhiali protettivi sono altrettanto importanti, specialmente quando si manipolano piante che possono rilasciare particelle volatili o linfa, come il ricino o la cicuta.

Esempio pratico: Se si sta raccogliendo la datura, una pianta altamente tossica, è consigliabile indossare anche una mascherina per evitare di inalare accidentalmente i pollini o altre particelle. Le tossine di alcune piante possono essere assorbite attraverso le mucose: una mascherina con filtro protegge efficacemente da questo tipo di esposizione.

Tecniche di Raccolta Sicura

Durante la raccolta, è importante seguire tecniche che minimizzino il contatto con le piante. Un'ottima prassi è utilizzare strumenti con un lungo manico, come pinze o forbici da giardinaggio, per mantenere le mani a distanza dalla pianta. Evitare di strappare direttamente a mani nude parti di pianta, e assicurarsi di raccogliere solo la quantità necessaria, limitando il numero di manipolazioni.

Tecnica Pratica: Per raccogliere le bacche di una pianta velenosa come l'oleandro, posizionare un contenitore direttamente sotto la pianta e lasciare cadere i frutti all'interno senza toccarli direttamente. Questo metodo, oltre a prevenire il contatto, consente anche di raccogliere le parti in modo sicuro per il successivo smaltimento.

Contenitori e Sacchetti per il Trasporto

Una volta raccolte, le parti velenose devono essere riposte immediatamente in contenitori ermetici o sacchetti di plastica robusti. Questo passaggio è cruciale per evitare che eventuali residui si disperdano accidentalmente. Le piante velenose, infatti, possono rilasciare tossine anche attraverso il semplice contatto con superfici aperte. Utilizzare sacchetti ben sigillati evita il rischio di contaminazione di mani, abbigliamento o altri oggetti nelle vicinanze.

Esempio pratico: Dopo aver raccolto foglie di cicuta, riporle in un sacchetto di plastica resistente, sigillarlo e contrassegnarlo chiaramente come "materiale tossico." Non utilizzare mai sacchetti che potrebbero essere riutilizzati per scopi alimentari.

Lavaggio e Disinfezione di Strumenti e Superfici

Dopo aver completato la raccolta, è essenziale pulire accuratamente gli strumenti e le superfici venute a contatto con le piante velenose. Alcune tossine possono rimanere attive sulle superfici per lungo tempo, pertanto, è fondamentale disinfettare tutto l'equipaggiamento impiegato. Utilizzare una soluzione disinfettante a base di alcol per pulire strumenti come forbici e pinze, e assicurarsi di asciugarli completamente per prevenire l'ossidazione.

Tecnica Pratica: Immergere le forbici in una soluzione alcolica per almeno cinque minuti dopo ogni utilizzo con piante velenose. Dopodiché, sciacquare con acqua corrente e asciugare accuratamente. Questo processo garantisce la rimozione completa di eventuali tracce tossiche e protegge gli strumenti per futuri utilizzi.

Smaltimento dei Residui: Pratiche di Sicurezza

Lo smaltimento dei residui è una fase spesso trascurata, ma di fondamentale importanza per una gestione sicura delle piante velenose. Evitare di lasciare residui vegetali velenosi esposti o di inserirli nel compost, poiché molte tossine possono resistere al processo di decomposizione. È preferibile avvolgere i residui in sacchetti resistenti e conferirli ai rifiuti in modo appropriato, secondo le normative locali.

Esempio pratico: Dopo aver raccolto foglie di oleandro, avvolgere i residui in un doppio strato di sacchetti e sigillare il tutto con nastro adesivo. In questo modo, si riduce il rischio di contaminazione accidentale e si garantisce un conferimento sicuro dei materiali tossici.

Conclusione

Raccogliere e manipolare piante velenose può essere sicuro solo se si seguono rigorose tecniche di prevenzione e si adotta un atteggiamento prudente. Utilizzando dispositivi di protezione adeguati, adottando tecniche di raccolta indiretta e smaltendo in modo corretto i residui, è possibile ridurre al minimo i rischi per sé stessi e per gli altri. Non dimenticare mai di pulire accuratamente strumenti e superfici e di seguire le indicazioni di smaltimento fornite dalle autorità locali.

6. Uso di Barriere Naturali: Difendere il Giardino dalle Piante Tossiche

Una strategia efficace per evitare che le piante tossiche invadano giardini e spazi verdi consiste nell'utilizzare barriere naturali, che rappresentano un'alternativa ecologica e sicura alle recinzioni artificiali. Le barriere naturali, costituite da piante resistenti e compatte, aiutano a contenere o separare le piante velenose da quelle non tossiche, proteggendo persone e animali domestici da possibili contatti indesiderati. L'impiego di piante da recinzione, siepi e altre specie repellenti può rappresentare una soluzione particolarmente utile, soprattutto in giardini frequentati da bambini o animali, dove le piante velenose potrebbero rappresentare un rischio significativo.

Scelta delle Piante per la Creazione di Barriere

Il primo passo per creare una barriera naturale è selezionare specie di piante sicure e resistenti che possano fungere da ostacolo fisico. Alcune delle migliori piante per realizzare barriere naturali includono specie dense come il bosso, l'alloro o la lavanda, che formano una recinzione visiva e olfattiva. Queste piante, non tossiche e facili da mantenere, sono ideali per separare visivamente e fisicamente le zone in cui potrebbero crescere piante velenose.

Esempio pratico: Se il giardino contiene datura o oleandro, noti per la loro tossicità, una siepe di bosso o ligustro può essere utilizzata per delimitare l'area e segnalare il confine di una zona più pericolosa.

Piantare Siepi per Protezione

Le siepi sono particolarmente adatte per proteggere spazi in cui crescono piante velenose. Un esempio di siepe funzionale per questo scopo è il biancospino, che, oltre a essere una pianta non tossica, cresce in modo compatto e denso. Piantare siepi come barriera richiede una certa pianificazione: scegliere una distanza di piantumazione che permetta alle piante di crescere e svilupparsi in modo uniforme, garantendo una copertura continua e priva di varchi.

Tecnica Pratica: Durante la piantumazione di siepi protettive, mantenere una distanza di circa 30-40 cm tra una pianta e l'altra. Questa distanza permette alle piante di crescere formando una barriera omogenea e robusta in pochi anni, bloccando l'accesso visivo e fisico alla zona pericolosa.

L'Utilizzo di Piante Repellenti

In molti casi, è possibile utilizzare piante repellenti per scoraggiare l'accesso a determinate zone. Piante aromatiche come la menta e il rosmarino rilasciano oli essenziali dal forte odore che possono risultare sgradevoli per animali domestici o selvatici, dissuadendoli dall'entrare in contatto con aree dove crescono piante tossiche. Queste piante non sono solo decorative ma offrono anche una protezione aggiuntiva contro eventuali animali curiosi.

Esempio pratico: Piantare rosmarino lungo il perimetro di una zona contenente piante tossiche può contribuire a limitare il passaggio di animali e a ridurre il rischio di contaminazione, mantenendo il giardino al contempo profumato e gradevole.

Recinzioni Naturali e Contenitori

Se si desidera un ulteriore livello di sicurezza, è possibile piantare piante velenose in contenitori rialzati, circondandoli con recinzioni naturali. Le recinzioni naturali non solo contribuiscono a mantenere il controllo sulle specie potenzialmente dannose, ma permettono anche una più facile gestione delle piante, facilitandone la manutenzione e prevenendo la diffusione di semi o foglie tossiche in altre aree del giardino.

Tecnica Pratica: Creare piccole recinzioni naturali utilizzando ceppi di bambù o paletti di legno. Disporli attorno ai contenitori contenenti piante velenose impedisce il contatto accidentale e aiuta a mantenere un'area delimitata e facilmente riconoscibile.

Pianificazione di Zone a Rischio Limitato

Oltre alle barriere fisiche, è utile pianificare attentamente la disposizione del giardino per minimizzare i rischi. È consigliabile destinare un'area specifica del giardino per piante velenose, separata visivamente dalle altre zone. All'interno di questa sezione, posizionare cartelli di avvertimento o segnaletiche che ricordino ai visitatori il rischio associato a tali piante. Creare sentieri o percorsi chiaramente definiti facilita l'orientamento e limita il contatto con le piante tossiche.

Manutenzione Regolare delle Barriere

Una volta creata una barriera naturale, è importante dedicare attenzione alla sua manutenzione. Le siepi e le piante che formano la recinzione devono essere potate regolarmente per mantenere la loro compattezza. Inoltre, è consigliabile controllare periodicamente che le piante tossiche non abbiano superato il confine della barriera, rimuovendo eventuali rami sporgenti o semi caduti al di fuori dell'area delimitata.

Esempio pratico: Potare le siepi almeno due volte all'anno per evitare che si aprano spazi tra una pianta e l'altra, assicurandosi che la recinzione resti sempre uniforme e priva di varchi.

Conclusione

L'uso di barriere naturali rappresenta una soluzione sicura, ecologica e duratura per difendere il giardino dalla potenziale pericolosità delle piante tossiche. Attraverso una selezione accurata delle piante da barriera, la creazione di siepi protettive e la disposizione di piante repellenti, è possibile limitare il rischio di contatto accidentale. Un giardino organizzato in modo consapevole offre sicurezza e protezione a tutti coloro che vi accedono, rispettando al contempo l'ambiente circostante.

7. Educazione e Consapevolezza: Formare Famiglie e Comunità

Uno dei modi più efficaci per prevenire incidenti causati da piante velenose è promuovere la consapevolezza e l'educazione tra famiglie e comunità. La conoscenza delle specie tossiche, dei sintomi di avvelenamento e delle misure di sicurezza necessarie può fare la differenza tra un'interazione sicura con la natura e un potenziale pericolo. Questo tipo di educazione deve essere accessibile e rivolto a tutte le fasce di età, soprattutto per chi vive in aree rurali o trascorre molto tempo all'aria aperta.

Educazione nelle Scuole e nelle Famiglie

L'educazione delle giovani generazioni è fondamentale per creare una cultura di consapevolezza e responsabilità. Le scuole possono svolgere un ruolo cruciale, introducendo programmi di educazione ambientale e moduli specifici su piante tossiche presenti nella regione. Questi programmi dovrebbero includere non solo la teoria, ma anche attività pratiche di riconoscimento delle piante. I bambini, per esempio, possono imparare a identificare le specie di piante comuni e a capire i rischi associati. Questo tipo di formazione non solo aumenta la sicurezza, ma stimola anche una curiosità verso la natura.

Esempio pratico: Gli insegnanti possono organizzare delle escursioni guidate in parchi o giardini, dove spiegare ai ragazzi come distinguere tra piante sicure e quelle potenzialmente tossiche, sottolineando l'importanza di non toccare o ingerire piante non conosciute.

Allo stesso modo, le famiglie possono adottare pratiche di educazione domestica, sensibilizzando i bambini su ciò che possono o non possono toccare nel giardino di casa o durante le passeggiate. Questo tipo di apprendimento è particolarmente utile per i bambini più piccoli, che possono essere attratti da fiori colorati o bacche che, se ingerite, potrebbero risultare pericolose.

Sessioni di Informazione per la Comunità

Le amministrazioni locali, i gruppi di quartiere e le associazioni possono organizzare sessioni informative per tutta la comunità, rivolte non solo ai giardinieri e agli appassionati di botanica, ma anche ai proprietari di animali e ai genitori. Questi incontri possono includere la distribuzione di brochure o di manuali di facile lettura, contenenti informazioni sulle piante velenose più comuni nella zona, sui sintomi di avvelenamento e sui primi interventi. L'utilizzo di supporti visivi, come foto o campioni di piante, è particolarmente efficace per aiutare le persone a ricordare dettagli importanti.

Tecnica pratica: Durante queste sessioni, si possono utilizzare slide o immagini di piante tossiche per rendere più semplice l'apprendimento. I partecipanti possono essere invitati a portare foglie o fiori trovati nei propri giardini per verificarne la pericolosità con l'aiuto di un esperto.

Creazione di Materiale Informativo Digitale

Oltre agli incontri fisici, è importante offrire risorse digitali che possano essere facilmente consultate da chiunque. Siti web, app mobili e gruppi social dedicati alla sicurezza in giardino possono aiutare a diffondere informazioni aggiornate e creare una rete di supporto per chi desidera imparare a identificare piante velenose e pericolose. Questi strumenti digitali possono includere schede informative, immagini ad alta risoluzione e guide passo-passo che mostrano come evitare il contatto con piante tossiche.

Esempio pratico: Alcuni siti web specializzati o app di riconoscimento delle piante consentono agli utenti di scattare una foto di una pianta e identificarne la specie, valutando immediatamente se si tratta di una pianta tossica o innocua.

Sensibilizzazione attraverso i Social Media

Anche i social media sono una risorsa preziosa per diffondere conoscenza sulle piante tossiche. Pagine o gruppi dedicati a tematiche ambientali possono pubblicare contenuti periodici sulle specie pericolose, le pratiche di sicurezza e le modalità di intervento in caso di avvelenamento. Questi post non solo informano, ma possono raggiungere un pubblico ampio e generare una maggiore consapevolezza in poco tempo. Inoltre, gli utenti possono condividere le proprie esperienze e porre domande, ottenendo risposte direttamente dagli esperti o dagli amministratori delle pagine.

Tecnica pratica: Pubblicare immagini di piante pericolose accompagnate da didascalie che ne spiegano le caratteristiche tossiche e i sintomi dell'avvelenamento, così da renderle facilmente identificabili anche per i non esperti.

Collaborazione con Veterinari e Medici Locali

I veterinari e i medici di base possono essere importanti alleati nella diffusione di informazioni su piante velenose, specialmente per i proprietari di animali e le famiglie. Gli studi veterinari possono disporre di schede informative sulle piante tossiche per gli animali, come ad esempio il giglio o l'azalea, mentre i medici possono informare i pazienti sui rischi di contatto con piante velenose comuni. Avere informazioni affidabili direttamente dagli esperti aumenta la fiducia della comunità e permette di prevenire situazioni di pericolo.

Esempio pratico: Alcuni studi veterinari offrono poster informativi con foto di piante tossiche per animali, come la cicuta o la stella di Natale, che i proprietari possono consultare rapidamente.

Il Ruolo dei Centri di Giardinaggio e dei Vivai

I vivai e i centri di giardinaggio possono contribuire a educare i propri clienti, fornendo indicazioni sulle piante tossiche acquistate o segnalando eventuali rischi. Etichettare le piante tossiche con avvisi ben visibili e informare i clienti sulle precauzioni necessarie durante la manutenzione è una pratica che dovrebbe essere standard in ogni punto vendita di piante. Fornire consigli su come coltivare e gestire correttamente le piante tossiche non solo protegge i clienti, ma aiuta anche a diffondere buone pratiche a livello comunitario.

Conclusione

La promozione di una cultura di consapevolezza è un pilastro fondamentale nella prevenzione degli avvelenamenti da piante. Educare famiglie e comunità sull'identificazione e la gestione delle piante tossiche crea una rete di protezione che riduce il rischio di incidenti. Attraverso la collaborazione tra scuole, famiglie, comunità e professionisti, si possono costruire comunità più sicure e informate, capaci di godere della natura senza esporsi a inutili rischi.

8. Primo Soccorso e Kit di Emergenza: Essenziali da Tenere a Casa

Avere a disposizione un kit di primo soccorso adeguato e ben fornito può fare la differenza in situazioni di emergenza, specialmente quando si tratta di avvelenamenti da piante tossiche. Sapere come agire rapidamente e con gli strumenti giusti è fondamentale per limitare i danni causati da un contatto accidentale con sostanze velenose. Questo paragrafo guida nella preparazione di un kit di emergenza completo per trattare i sintomi principali e, ove possibile, limitare la diffusione delle tossine. Seguire alcune regole di base di primo soccorso permette di agire con sicurezza e decisione.

Componenti Fondamentali del Kit di Emergenza

Un buon kit di primo soccorso per avvelenamenti da piante dovrebbe contenere alcuni elementi chiave per trattare immediatamente sintomi come eruzioni cutanee, irritazioni o disturbi gastrointestinali. Tra i componenti essenziali troviamo:

1. **Guanti di nitrile:** indispensabili per manipolare parti della pianta o prestare soccorso senza esporsi ulteriormente alle tossine. I guanti in nitrile sono una barriera sicura ed evitano il rischio di contaminazione incrociata.

2. **Soluzione salina e acqua sterile:** utili per lavare rapidamente la pelle o gli occhi se sono venuti in contatto con sostanze tossiche. Una corretta irrigazione è essenziale per eliminare residui velenosi dalle aree esposte, riducendo il rischio di assorbimento della tossina.

3. **Antistaminici orali e pomate per uso esterno:** queste sono particolarmente utili in caso di reazioni allergiche. Gli antistaminici orali aiutano a ridurre gonfiore e prurito, mentre le pomate a base di idrocortisone possono alleviare l'irritazione cutanea.

4. **Carbone attivo:** uno strumento importante in caso di ingestione di sostanze tossiche, purché sia somministrato sotto consiglio di un professionista sanitario. Il carbone attivo è noto per la sua capacità di assorbire le tossine presenti nello stomaco, riducendo la quantità che entra in circolazione nel corpo.

5. **Cerotti e garze sterili:** da applicare su lesioni cutanee o irritazioni, in particolare se la persona si è graffiata o ferita durante il contatto con la pianta tossica.

6. **Telefono di emergenza e numeri utili:** all'interno del kit è importante includere un elenco di numeri telefonici di emergenza, come il centro antiveleni locale e i servizi di emergenza sanitaria. Questo assicura di poter ricevere rapidamente assistenza e consigli su come gestire il caso specifico di intossicazione.

Tecniche Pratiche di Primo Soccorso
Quando si sospetta un avvelenamento da piante tossiche, è importante mantenere la calma e seguire alcuni passaggi di primo soccorso per minimizzare i rischi.

1. **Rimuovere eventuali parti della pianta:** Se la persona ha ingerito o toccato la pianta, eliminare rapidamente qualsiasi residuo visibile dalla bocca o dalla pelle. Questo può essere fatto usando guanti di nitrile o un panno pulito.

2. **Lavaggio della pelle e degli occhi:** Se la pelle è entrata in contatto con la pianta, lavarla immediatamente con abbondante acqua tiepida e sapone neutro. In caso di contatto oculare, irrigare gli occhi con soluzione salina o acqua pulita per almeno 15 minuti, assicurandosi di tenere le palpebre ben aperte.

3. **Monitoraggio dei sintomi:** Osservare attentamente la persona per segni di nausea, vomito, diarrea, confusione o difficoltà respiratorie. Documentare questi sintomi può essere utile per fornire informazioni dettagliate agli operatori sanitari.

4. **Somministrazione di carbone attivo:** In caso di ingestione accidentale e in assenza di controindicazioni, è possibile somministrare carbone attivo entro la prima ora dall'ingestione, seguendo le indicazioni di un professionista sanitario. Il carbone attivo può assorbire le tossine presenti nello stomaco, riducendo il rischio di avvelenamento grave.

Mantenere il Kit in Ottimo Stato

È essenziale che il kit di emergenza sia sempre in perfette condizioni. Controllare periodicamente la scadenza di farmaci e materiali all'interno, sostituendo ciò che è scaduto o deteriorato. Il kit dovrebbe essere conservato in un luogo facilmente accessibile ma sicuro, lontano dalla portata di bambini e animali domestici.

Consigli per l'Uso del Kit

Assicurarsi che tutti i membri della famiglia conoscano il contenuto del kit e sappiano come utilizzarlo. Durante escursioni o pic-nic, specialmente in aree dove sono presenti piante selvatiche potenzialmente tossiche, è utile portare una versione portatile del kit di primo soccorso. Per aumentare l'efficacia del kit, aggiungere un piccolo manuale di primo soccorso contenente le istruzioni di base per intervenire in caso di contatto con piante velenose.

VII. Piante Velenose e Animali: Proteggere i Nostri Amici a Quattro Zampe

1. Identificazione delle Piante Tossiche per Cani e Gatti

Gli animali domestici, soprattutto cani e gatti, sono naturalmente curiosi e spesso portati a esplorare il mondo attraverso l'olfatto e il gusto. Tuttavia, la loro curiosità può metterli a rischio, specialmente in presenza di piante che, pur essendo ornamentali o diffuse in molti giardini, contengono composti tossici per il loro organismo. Identificare le piante tossiche più comuni può aiutare i proprietari a prevenire incidenti e garantire un ambiente sicuro per i propri animali.

1. Aloe Vera

Molto utilizzata per le sue proprietà terapeutiche sugli esseri umani, l'aloe vera è tossica per cani e gatti. Ingerirla può causare vomito, diarrea e letargia negli animali. Il principio attivo tossico è la saponina, un composto che provoca irritazione del tratto gastrointestinale. Se avete aloe vera in casa, assicuratevi di posizionarla in aree inaccessibili ai vostri amici a quattro zampe, come su mensole alte o dentro stanze chiuse.

2. Dieffenbachia (o Pianta del Dottorino)

Questa pianta da interno, famosa per le sue grandi foglie verdi, è una delle più comuni in ambienti domestici ma anche una delle più tossiche per gli animali. La dieffenbachia contiene cristalli di ossalato di calcio, che, se masticati o ingeriti, causano forti dolori e gonfiori alla bocca, alla lingua e alla gola, provocando eccessiva salivazione e difficoltà respiratorie. Per evitare incidenti, è consigliabile tenere la dieffenbachia fuori dalla portata dei vostri animali o scegliere alternative più sicure per la decorazione degli interni.

3. Giglio

Molti tipi di giglio, tra cui il giglio di Pasqua, il giglio tigrato e il giglio asiatico, rappresentano un grave pericolo per i gatti. Anche una minima esposizione, come il leccare una foglia o ingerire una piccola quantità di polline, può causare insufficienza renale acuta nei felini. La gravità della reazione rende fondamentale evitare di coltivare gigli in casa o in giardino se si possiedono gatti. In caso di esposizione, è cruciale contattare immediatamente un veterinario, poiché il trattamento precoce può fare la differenza.

4. Oleandro

L'oleandro è una pianta altamente velenosa per molte specie, inclusi cani e gatti. Tutte le parti della pianta sono tossiche, poiché contengono glicosidi cardiaci che possono causare problemi cardiaci, come aritmie, e sintomi gastrointestinali, come vomito e diarrea. Gli animali che entrano in contatto con l'oleandro devono essere monitorati attentamente e, in caso di ingestione, è essenziale ricorrere al veterinario senza indugi. Evitare di piantare oleandro in giardino è una precauzione utile per chi ha animali domestici.

5. Ficus

Molto comune negli interni, il ficus è un'altra pianta che può risultare irritante per i nostri amici a quattro zampe. Il lattice prodotto dalla pianta può causare irritazione alla pelle e, se ingerito, sintomi gastrointestinali come vomito e diarrea. Sebbene i sintomi siano generalmente lievi, è preferibile evitare che l'animale entri in contatto con le foglie di ficus. È possibile posizionare il ficus in aree della casa meno accessibili agli animali, come su ripiani alti o in stanze chiuse.

6. Pothos

Il pothos è una pianta popolare per la sua facilità di cura e capacità di purificare l'aria, ma è anche tossico per cani e gatti. Contiene ossalati di calcio insolubili, che, se masticati, possono provocare una forte irritazione nella bocca e nella gola degli animali, con sintomi come salivazione eccessiva, vomito e difficoltà a deglutire. Se avete un pothos in casa, tenetelo in alto o in una stanza dove gli animali non possano accedervi facilmente.

7. Azalea

L'azalea è una pianta ornamentale dai colori vivaci, spesso coltivata nei giardini. Tuttavia, anche solo l'ingestione di poche foglie può causare effetti collaterali significativi per gli animali. I sintomi di avvelenamento da azalea includono vomito, diarrea, debolezza e, in casi gravi, problemi cardiaci. L'azalea dovrebbe essere piantata lontano dalle aree dove giocano gli animali domestici e, se necessario, recintata.

Conclusioni

Identificare e conoscere le piante tossiche per cani e gatti è il primo passo per creare un ambiente sicuro. Ogni pianta tossica possiede composti specifici che possono variare in pericolosità, e l'esposizione può portare a una gamma di sintomi. La precauzione è fondamentale, e in caso di dubbio, è sempre meglio rimuovere una pianta potenzialmente dannosa o collocarla in aree non accessibili. Sapere quali piante evitare aiuta a ridurre i rischi e a proteggere gli animali domestici da avvelenamenti accidentali.

2. Sintomi di Avvelenamento negli Animali Domestici: Cosa Osservare

Il rischio di avvelenamento da piante tossiche rappresenta una minaccia concreta per i nostri animali domestici, in particolare per cani e gatti, che spesso esplorano l'ambiente circostante con curiosità. Riconoscere i sintomi di avvelenamento è cruciale per garantire una pronta assistenza veterinaria e prevenire conseguenze gravi. Questo paragrafo si concentra su come identificare i segnali di avvelenamento nei nostri amici a quattro zampe e le azioni immediate da intraprendere.

1. Sintomi Gastrointestinali

Uno dei primi segnali di avvelenamento negli animali domestici è rappresentato dai sintomi gastrointestinali. Gli animali possono manifestare vomito, diarrea o perdita di appetito. Questi sintomi possono comparire rapidamente dopo l'ingestione di piante tossiche. È importante osservare se il vostro animale mostra segni di disagio, come lamentele, letargia o frequenti tentativi di vomitare. Se notate uno di questi sintomi, è fondamentale agire prontamente e contattare il veterinario. Non cercate di indurre il vomito senza consultare un professionista, poiché in alcuni casi può essere pericoloso.

2. Alterazioni Comportamentali

Un altro segnale importante è un cambiamento nel comportamento dell'animale. Potreste notare che il vostro cane o gatto diventa più ansioso, irritabile o letargico. Alcuni animali possono nascondersi o mostrare un atteggiamento di disinteresse per le attività che solitamente amano. Queste alterazioni possono indicare che l'animale sta vivendo dolore o disagio. Monitorate attentamente il vostro animale e cercate di identificare eventuali cambiamenti nel suo comportamento quotidiano.

3. Sintomi Neurologici

Alcune piante tossiche possono influenzare il sistema nervoso degli animali domestici, causando sintomi neurologici come confusione, disorientamento, tremori, convulsioni o perdita di coordinazione. Se notate che il vostro animale ha difficoltà a mantenere l'equilibrio, sembra incapace di camminare correttamente o presenta spasmi muscolari, è essenziale contattare immediatamente il veterinario. Non ignorate questi segnali, poiché potrebbero indicare una grave intossicazione.

4. Sintomi Cardiaci

In alcuni casi, l'avvelenamento può manifestarsi attraverso sintomi cardiaci. Gli animali possono sviluppare palpitazioni, aritmie o altri disturbi cardiaci. Se il vostro cane o gatto mostra segni di affanno, debolezza o svenimenti, è fondamentale contattare il veterinario senza indugi. Questi sintomi possono essere particolarmente gravi e richiedere un intervento immediato.

5. Sintomi Cutanei

Le reazioni cutanee sono un altro segnale da tenere in considerazione. Se il vostro animale presenta eruzioni cutanee, arrossamenti o gonfiori, potrebbe essere una reazione a piante tossiche. Alcuni animali possono sviluppare irritazioni semplicemente toccando foglie o steli di piante velenose. Monitorate attentamente la pelle del vostro animale e consultate un veterinario se notate cambiamenti inusuali.

6. Monitoraggio delle Ingestioni

È fondamentale tenere un registro delle piante che il vostro animale potrebbe aver ingerito. Se sospettate che il vostro cane o gatto abbia mangiato una pianta tossica, cercate di identificare la pianta e prendete nota della quantità ingerita. Questa informazione sarà preziosa per il veterinario, che potrà fornire un trattamento più mirato. Se possibile, scattate una foto della pianta per facilitare la diagnosi.

7. Prevenzione e Consapevolezza

Infine, la prevenzione è la chiave. Educatevi sulle piante tossiche più comuni nella vostra area e tenetele fuori dalla portata dei vostri animali. Creare un ambiente sicuro è il primo passo per proteggere i vostri amici pelosi. Familiarizzate con i sintomi di avvelenamento e condividete queste informazioni con familiari e amici che hanno animali domestici.

Conclusione

Identificare i sintomi di avvelenamento negli animali domestici è essenziale per garantire la loro sicurezza e benessere. Essere consapevoli di ciò che può minacciare la salute dei vostri animali è il primo passo per prevenire incidenti e agire rapidamente in caso di necessità. In caso di dubbi o preoccupazioni, non esitate a contattare un veterinario. La salute dei vostri animali dipende dalla vostra prontezza e dalla vostra conoscenza.

3. Primo Soccorso per Animali in Caso di Intossicazione

Quando si tratta di intossicazione da piante tossiche, il primo soccorso è fondamentale per garantire la sicurezza e la salute dei nostri animali domestici. Riconoscere i sintomi di avvelenamento e sapere come agire tempestivamente può fare la differenza tra la vita e la morte. Questo paragrafo offre indicazioni pratiche per affrontare una situazione di emergenza e suggerimenti su come fornire il primo soccorso ai vostri animali in caso di intossicazione.

1. Riconoscere i Segnali di Intossicazione

Il primo passo è riconoscere i segni di avvelenamento. I sintomi possono variare a seconda del tipo di pianta ingerita e della quantità consumata. I segnali più comuni includono vomito, diarrea, letargia, tremori, difficoltà respiratorie e cambiamenti nel comportamento. Se sospettate che il vostro animale abbia ingerito una pianta tossica, osservate attentamente il suo comportamento e i sintomi che presenta. Annotate i segni osservati, poiché queste informazioni saranno utili al veterinario.

2. Contattare il Veterinario

Non appena notate segni di avvelenamento, contattate immediatamente un veterinario o un centro di emergenza veterinaria. Spiegate la situazione in modo dettagliato, includendo le informazioni sulla pianta sospettata, i sintomi osservati e il tempo trascorso dall'ingestione. In alcuni casi, il veterinario potrebbe fornire indicazioni su come procedere fino all'arrivo in clinica. È fondamentale avere a disposizione il numero di emergenza del veterinario e la lista delle piante tossiche comuni.

3. Indurre il Vomito

Se l'ingestione è avvenuta di recente (generalmente entro due ore), il veterinario potrebbe consigliare di indurre il vomito. Tuttavia, non tentate mai di farlo senza il consenso di un professionista. In alcuni casi, l'induzione del vomito potrebbe non essere raccomandata, specialmente se l'animale presenta sintomi neurologici, difficoltà respiratorie o ha ingerito sostanze corrosive. Se il veterinario approva, può raccomandare l'uso di acqua ossigenata al 3% per indurre il vomito, somministrando una dose di 1-2 ml per ogni chilogrammo di peso dell'animale, ma sempre sotto la sua supervisione.

4. Fornire Supporto Emotivo e Fisico

Durante un episodio di avvelenamento, gli animali possono essere spaventati e confusi. È importante fornire supporto emotivo e fisico. Parlate con il vostro animale con calma, mantenetelo in un ambiente tranquillo e confortevole. Se è possibile, mantenetelo al caldo e proteggetelo da ulteriori stress. A volte, anche il semplice fatto di avere il vostro animale vicino può rassicurarlo.

5. Documentazione delle Ingestioni

Se possibile, portate con voi un campione della pianta sospettata o una foto della pianta in caso di intossicazione. Questa documentazione aiuterà il veterinario a identificare la sostanza tossica e a determinare il miglior trattamento. Se l'animale ha mangiato solo una parte della pianta, portate anche questa con voi per facilitare la diagnosi.

6. Monitorare i Sintomi durante il Trasporto

Se dovete trasportare il vostro animale dal veterinario, continuate a monitorare i sintomi. Annotate eventuali cambiamenti nel comportamento o nei sintomi, come il vomito, il respiro affannoso o le convulsioni. Queste informazioni sono cruciali per il veterinario e possono aiutare a fornire un trattamento più mirato.

7. Evitare Rimedi Casalinghi

Non utilizzate rimedi casalinghi senza il consiglio di un veterinario. Alcuni prodotti che possono sembrare innocui per noi possono essere estremamente tossici per gli animali. Ad esempio, alcuni farmaci per l'uomo, come l'ibuprofene o il paracetamolo, sono tossici per i cani e i gatti. Assicuratevi sempre di avere il consenso del veterinario prima di somministrare qualsiasi medicinale.

Conclusione

Essere preparati e informati sui primi soccorsi per animali in caso di intossicazione da piante tossiche può salvare vite. Il riconoscimento precoce dei sintomi e la tempestività dell'azione possono fare la differenza. Creare un ambiente sicuro, educarsi sulle piante velenose e mantenere sempre a portata di mano i contatti di emergenza del veterinario sono tutte misure preventive essenziali. In caso di avvelenamento, ricordate sempre di agire in modo rapido e di non esitare a contattare un professionista per assistenza.

4. Piante da Evitare nei Giardini Frequentati da Animali

Creare un giardino sicuro per i nostri amici a quattro zampe è un compito essenziale per ogni proprietario di animali domestici. Alcune piante comunemente utilizzate nei giardini possono essere estremamente tossiche per cani e gatti. Questo paragrafo si concentra su alcune delle piante più pericolose da evitare nei giardini frequentati da animali e fornisce informazioni pratiche per riconoscerle e gestirle.

1. Lilium (Gigli)

Uno dei fiori più amati per la loro bellezza, i gigli (genere Lilium) sono però tra le piante più tossiche per i gatti. Anche piccole quantità di foglie o polline possono causare gravi insufficienze renali. I sintomi di avvelenamento nei gatti possono includere vomito, perdita di appetito e letargia. Se possedete gatti, è fondamentale evitare completamente l'introduzione di gigli nel vostro giardino. Se li avete già, rimuoveteli immediatamente e pulite a fondo l'area per eliminare eventuali residui.

2. Oleandro (Nerium oleander)

L'oleandro è una pianta ornamentale molto comune, ma è altamente tossica per cani e gatti. Tutte le parti della pianta, comprese le foglie e i fiori, contengono sostanze tossiche chiamate glicosidi cardiaci, che possono provocare sintomi gravi come diarrea, vomito, difficoltà respiratorie e, in casi estremi, morte. Se desiderate un giardino colorato, è meglio optare per piante sicure per gli animali, come le petunie o le viole del pensiero.

3. Aconito (Aconitum spp.)

L'aconito, noto anche come "stregona", è una pianta perenne che cresce in molte giardini, soprattutto in aree umide e ombreggiate. Tutte le parti di questa pianta contengono alcaloidi altamente tossici, che possono causare sintomi neurologici e cardiaci nei cani e nei gatti. I segni di avvelenamento includono tremori, convulsioni e battito cardiaco irregolare. Per proteggere i vostri animali, rimuovete qualsiasi aconito e scegliete piante perenni più sicure, come la lavanda o il rosmarino.

4. Dieffenbachia

La dieffenbachia, conosciuta anche come "bastone della felicità", è una pianta d'appartamento popolare, ma è tossica per cani e gatti. La sua linfa contiene cristalli di ossalato di calcio, che possono provocare irritazione della bocca e della gola, con conseguenti difficoltà respiratorie, gonfiore e dolore. Se desiderate piante decorative per interni o esterni, considerate alternative non tossiche come il bambù o il ficus.

5. Ambrosia (Ambrosia artemisiifolia)

L'ambrosia, conosciuta anche come "erba dei pollini", è una pianta infestante che cresce in molte aree. Sebbene non sia comunemente conosciuta come pianta tossica, la sua ingestione può causare reazioni allergiche e irritazioni gastrointestinali nei cani e nei gatti. Questa pianta è nota per provocare problemi respiratori nei soggetti allergici. Assicuratevi di tenere sotto controllo le infestazioni di ambrosia nel vostro giardino, utilizzando tecniche di diserbo manuale o chimico sicuro.

6. Ricino (Ricinus communis)

La pianta di ricino è ben nota per la sua tossicità. I semi contengono ricina, una sostanza altamente tossica che può provocare gravi avvelenamenti nei cani e nei gatti. Anche una piccola quantità di semi ingeriti può causare sintomi come vomito, diarrea e disidratazione. Se già possedete questa pianta, rimuovetela e assicuratevi di smaltire i semi in modo sicuro, lontano dalla portata degli animali.

7. Attenzione alle Piante Ornamentali Comuni

Molti giardini sono pieni di piante ornamentali che possono sembrare innocue, ma possono rappresentare un rischio per i vostri animali. Piante come il potos (Epipremnum aureum), la filodendro e l'azalea possono causare avvelenamenti. È fondamentale fare ricerche sulle piante prima di introdurle nel giardino. Consultate un elenco di piante tossiche per animali domestici e scegliete quelle che sono considerate sicure.

Conclusione

La sicurezza dei nostri animali domestici inizia con la scelta consapevole delle piante nel nostro giardino. Identificare e rimuovere piante tossiche è un passo fondamentale per creare un ambiente sicuro. Informarsi sulle piante da evitare, riconoscerle e scegliere alternative sicure sono pratiche essenziali per la salute e il benessere dei nostri amici a quattro zampe. Ricordate che la prevenzione è la chiave: informatevi, educatevi e preparatevi per garantire la sicurezza dei vostri animali in giardino.

5. Prevenzione: Educare gli Animali a Evitare le Piante Tossiche

La prevenzione è fondamentale per garantire la sicurezza dei nostri amici a quattro zampe nel giardino. Un aspetto spesso trascurato nella cura degli animali domestici è l'educazione a evitare le piante tossiche. Insegnare ai cani e ai gatti a riconoscere e a stare lontani da queste piante può ridurre significativamente il rischio di avvelenamento. Questo paragrafo esplorerà tecniche pratiche per educare gli animali domestici a evitare le piante velenose e suggerirà strategie per un ambiente più sicuro.

1. Identificazione delle Piante Tossiche

Il primo passo per educare i vostri animali è conoscere quali piante sono tossiche. Creare un elenco di piante pericolose nel vostro giardino e, se possibile, anche in giro per la vostra comunità è essenziale. Alcuni esempi comuni includono l'oleandro, i gigli e l'aconito. Mostrare fotografie di queste piante ai vostri animali non è possibile, ma potete apprendere a riconoscerle e fare attenzione a queste specie.

2. Utilizzo di Comandi di Base

L'addestramento di base è cruciale per garantire che il vostro animale domestico risponda ai comandi. Utilizzare comandi come "no" o "lascia" può essere efficace nel prevenire l'ingestione di piante tossiche. Quando il vostro cane o gatto si avvicina a una pianta pericolosa, ripetete il comando in modo fermo e chiaro. Quando l'animale si allontana dalla pianta, premiatelo con un trattamento o una lode. Questo rinforzo positivo incoraggia comportamenti desiderati e insegna al vostro animale che stare lontano dalle piante tossiche porta a conseguenze positive.

3. Addestramento all'Osservazione

Un altro approccio efficace è addestrare gli animali a riconoscere e reagire a determinate situazioni. Per esempio, durante una passeggiata, se vedete una pianta tossica, fermatevi e fate notare all'animale che deve evitare quella pianta. Utilizzate il rinforzo positivo per premiare l'animale quando ignora la pianta. Questo approccio non solo insegna al vostro animale a evitare specifiche piante tossiche, ma migliora anche il suo comportamento generale durante le passeggiate.

4. Creazione di Un Ambiente Sicuro

Un modo pratico per prevenire l'esposizione alle piante tossiche è la creazione di un ambiente sicuro. Se possibile, designate aree specifiche del giardino per le attività dei vostri animali, lontane da piante pericolose. Utilizzate recinzioni o barriere per tenere gli animali lontani da aree che contengono piante tossiche. Se avete un giardino grande, potete anche considerare di piantare piante sicure in un'area dedicata per gli animali, incoraggiandoli a rimanere in quella zona.

5. Educazione Continua

L'educazione degli animali a evitare le piante tossiche è un processo continuo. Man mano che i vostri animali crescono, è fondamentale rimanere vigili e continuare l'addestramento. Organizzate sessioni di formazione brevi ma frequenti, per mantenere alta l'attenzione e la disponibilità del vostro animale a imparare. Includete la famiglia in questo processo, assicurandovi che tutti i membri siano allineati sulle tecniche di addestramento e sul riconoscimento delle piante tossiche.

6. Monitoraggio Comportamentale

Osservare il comportamento degli animali è essenziale per identificare eventuali rischi di avvelenamento. Se notate che il vostro cane o gatto mostra interesse eccessivo verso determinate piante, intervenite immediatamente. Potete anche considerare l'uso di un diario per registrare le interazioni del vostro animale con le piante. Questo vi aiuterà a identificare schemi e a prendere provvedimenti prima che si verifichino incidenti.

7. Collaborazione con Veterinari e Educatori

Infine, collaborare con veterinari e educatori di animali può offrire un supporto prezioso. Partecipate a corsi di addestramento o seminari che si concentrano sulla sicurezza degli animali e sulla prevenzione dei rischi da piante tossiche. I professionisti possono fornire ulteriori suggerimenti e risorse per educare i vostri animali in modo efficace.

Conclusione

Educare i nostri animali a evitare le piante tossiche è una parte fondamentale della loro cura e sicurezza. Attraverso l'addestramento, la creazione di ambienti sicuri e il monitoraggio comportamentale, possiamo ridurre significativamente il rischio di avvelenamento. Ricordate che la prevenzione è sempre meglio della cura; investire tempo nell'educazione dei vostri animali domestici è essenziale per garantire il loro benessere.

6. Come Gestire il Contatto Accidentale con Piante Velenose

La sicurezza dei nostri animali domestici è una priorità, e, nonostante le migliori precauzioni, può accadere che un cane o un gatto venga a contatto con piante velenose. In questi casi, è fondamentale sapere come gestire il contatto accidentale in modo rapido ed efficace. Questo paragrafo fornirà istruzioni dettagliate su come agire in caso di esposizione a piante tossiche, evidenziando i passaggi pratici e le tecniche per garantire la salute e il benessere degli animali.

1. Riconoscere il Contatto

Il primo passo è identificare se l'animale ha effettivamente avuto contatto con una pianta velenosa. Alcuni segni immediati da osservare includono:

- **Leccamento o Morsicatura:** Se il vostro animale si lecca frequentemente le labbra o morde una parte del suo corpo, potrebbe aver toccato una pianta tossica.

- **Eruzioni Cutanee:** Controllate la pelle del vostro animale per eventuali arrossamenti, gonfiori o eruzioni cutanee, che possono essere indicativi di una reazione allergica o di irritazione.

- **Comportamento Anomalo:** Se notate che il vostro animale sembra ansioso, irrequieto o mostra segni di dolore, potrebbe essere stato avvelenato.

2. Isolamento dell'Animale

Se sospettate che il vostro animale abbia avuto contatto con una pianta tossica, la prima azione da intraprendere è isolarlo. Portate l'animale in un luogo tranquillo, lontano dalla pianta o dalla zona in cui è avvenuto il contatto. Questo aiuta a prevenire ulteriori esposizioni e a mantenere l'animale calmo durante l'intervento.

3. Lavaggio Immediato

In caso di contatto diretto con la pelle o il pelo, è fondamentale eseguire un lavaggio immediato. Utilizzate acqua corrente e, se possibile, sapone neutro per rimuovere eventuali residui della pianta tossica. Ecco i passaggi dettagliati:

- **Acqua Corrente:** Iniziate a sciacquare delicatamente la zona colpita con acqua corrente fredda per almeno 10-15 minuti. Questo aiuta a diluire e rimuovere le sostanze tossiche.

- **Sapone Neutro:** Applicate un sapone neutro, evitando saponi profumati o antibatterici, e continuate a sciacquare. Rimuovere eventuali particelle di pianta o resina è cruciale.

- **Asciugatura:** Asciugate la zona con un asciugamano pulito e asciutto, evitando frizioni che potrebbero irritare ulteriormente la pelle.

4. Monitoraggio dei Sintomi

Dopo aver gestito il contatto iniziale, è essenziale monitorare i sintomi dell'animale. Osservate se si sviluppano segni di avvelenamento, come:

- **Nausea o Vomito:** Se l'animale inizia a vomitare o mostra segni di nausea, è importante intervenire.

- **Difficoltà Respiratorie:** Se notate che l'animale ha difficoltà a respirare o presenta tosse, contattate immediatamente un veterinario.

- **Alterazioni Comportamentali:** Comportamenti anomali, come letargia o irritabilità, possono indicare un problema serio.

5. Contattare il Veterinario

Se l'animale mostra sintomi preoccupanti o se non siete sicuri della gravità della situazione, contattate subito un veterinario. È utile avere a disposizione informazioni dettagliate sulla pianta in questione, come il nome comune e scientifico, e quali parti dell'animale sono state esposte.

- **Informazioni Utili:** Quando parlate con il veterinario, fornire dettagli sul tempo di esposizione, la quantità di pianta ingerita o toccata e i sintomi osservati è cruciale per una diagnosi corretta e un trattamento tempestivo.

6. Trattamenti e Follow-Up

A seconda della gravità dell'avvelenamento, il veterinario potrebbe consigliare diversi trattamenti. Potrebbe essere necessario somministrare farmaci, effettuare lavaggi gastrici o, in casi gravi, ricoverare l'animale per osservazione. Assicuratevi di seguire tutte le istruzioni del veterinario e di programmare eventuali controlli successivi per monitorare la salute dell'animale.

Conclusione

Gestire il contatto accidentale con piante velenose richiede prontezza e conoscenza. Seguendo queste linee guida, i proprietari di animali possono affrontare situazioni potenzialmente pericolose con sicurezza. La prevenzione rimane la chiave; educare gli animali a evitare piante tossiche e mantenere un ambiente sicuro sono passi fondamentali per garantire la salute e il benessere dei nostri amici a quattro zampe.

7. Quando Consultare il Veterinario: Segnali di Allarme

La salute dei nostri animali domestici è una responsabilità che non possiamo trascurare, soprattutto quando si tratta di potenziali avvelenamenti da piante tossiche. Sapere quando consultare un veterinario è fondamentale per garantire la sicurezza e il benessere dei nostri amici a quattro zampe. In questo paragrafo, esploreremo i segnali di allarme che indicano la necessità di una consulenza veterinaria immediata, fornendo informazioni pratiche e utili per i proprietari di animali.

1. Comportamenti Anomali

Uno dei primi segnali di avvelenamento è un cambiamento nel comportamento del vostro animale. Se notate che il vostro cane o gatto è più ansioso, letargico o aggressivo del solito, potrebbe essere un segnale di avvelenamento. Altri comportamenti da osservare includono:

- **Disorientamento:** Se l'animale sembra confuso o non riconosce l'ambiente circostante, è un segnale serio.

- **Irritabilità:** Un cambiamento improvviso nell'atteggiamento, come l'aggressività o la ritrosia, può indicare dolore o malessere.

2. Problemi Gastrointestinali

I sintomi gastrointestinali, come vomito e diarrea, sono tra i segnali più comuni di avvelenamento. Se il vostro animale domestico presenta uno o più dei seguenti sintomi, è fondamentale contattare il veterinario:

- **Vomito persistente:** Se il vomito si verifica più di una volta, è un segnale che non deve essere trascurato.

- **Diarrea:** Soprattutto se è accompagnata da sangue o si presenta in forma molto liquida.

- **Perdita di appetito:** Un cambiamento improvviso nell'appetito può essere indicativo di un problema.

3. Difficoltà Respiratorie

Le difficoltà respiratorie sono un'emergenza veterinaria. Se notate che il vostro animale ha problemi a respirare, sta tossendo in modo anomalo o ha un respiro affannoso, contattate immediatamente il veterinario. I segni di difficoltà respiratoria includono:

- **Respirazione rapida o superficiale:** Un aumento significativo della frequenza respiratoria può indicare un problema serio.

- **Cianosi:** Se le gengive o la lingua del vostro animale diventano bluastre, è un segnale critico che richiede un intervento immediato.

4. Sintomi Neurologici

I sintomi neurologici sono particolarmente preoccupanti e possono manifestarsi in vari modi. Se il vostro animale mostra uno dei seguenti segni, contattate immediatamente il veterinario:

- **Convulsioni:** Le crisi possono essere un segno di avvelenamento grave e richiedono un trattamento immediato.

- **Tremori o spasmi muscolari:** Questi possono indicare una reazione tossica e devono essere valutati da un professionista.

- **Difficoltà nel camminare:** Se l'animale mostra segni di instabilità o sembra inciampare frequentemente, è fondamentale intervenire.

5. Problemi Cardiaci

Le piante tossiche possono influenzare anche il sistema cardiaco degli animali. Se il vostro animale presenta sintomi legati al cuore, come:

- **Palpitazioni:** Un battito cardiaco irregolare o accelerato può essere un segnale serio.

- **Svenimento o collasso:** Se l'animale perde conoscenza, è un'emergenza veterinaria.

6. Reazioni Allergiche

Le reazioni allergiche possono manifestarsi rapidamente e in modo grave. Se il vostro animale mostra segni di allergia, come:

- **Eruzioni cutanee:** Lesioni o orticaria sulla pelle possono indicare una reazione a una pianta tossica.

- **Gonfiore del viso o delle zampe:** Questo è un segnale di allerta che richiede un intervento immediato.

7. Informazioni Utili per il Veterinario

Quando contattate il veterinario, è utile avere a disposizione alcune informazioni chiave, tra cui:

- **Descrizione della pianta:** Se possibile, fornite il nome comune o scientifico della pianta con cui l'animale è entrato in contatto.

- **Tempo di esposizione:** Indicate quando si è verificato il contatto con la pianta.

- **Sintomi osservati:** Elencate tutti i sintomi che avete notato e la loro gravità.

Conclusione

Essere proattivi nel riconoscere i segnali di allarme è cruciale per la salute dei nostri animali domestici. Non esitate mai a consultare un veterinario se notate comportamenti anomali o sintomi preoccupanti. La tempestività dell'intervento può fare la differenza e salvare la vita del vostro amico a quattro zampe. In caso di dubbi, è sempre meglio chiedere consiglio a un professionista.

8. Creare un Kit di Emergenza per gli Animali Domestici

Prepararsi ad affrontare eventuali emergenze legate alla salute dei nostri animali domestici è fondamentale per garantire il loro benessere e sicurezza. Creare un kit di emergenza specifico per i nostri amici a quattro zampe può fare la differenza in situazioni critiche, come l'avvelenamento da piante tossiche. In questo paragrafo, esploreremo quali elementi includere nel kit, come organizzarlo e alcuni suggerimenti pratici per massimizzare la sua efficacia.

1. Contenitore del Kit

Il primo passo per creare un kit di emergenza è scegliere un contenitore adatto. Optate per una scatola resistente e impermeabile, di dimensioni sufficienti per contenere tutti gli elementi essenziali. Una borsa di tela o un contenitore plastico con chiusura ermetica possono essere ottime scelte. Assicuratevi che il contenitore sia facilmente accessibile e conservato in un luogo fresco e asciutto.

2. Elementi Essenziali da Includere

Un kit di emergenza per animali domestici dovrebbe contenere una serie di elementi fondamentali, tra cui:

a. Documentazione Importante

- **Informazioni veterinarie:** Include il numero di telefono del veterinario, l'indirizzo della clinica e i contatti di emergenza.

- **Cartella clinica:** Tenete a disposizione una copia della storia medica del vostro animale, comprese le vaccinazioni e eventuali allergie note.

b. Medicinali e Trattamenti

- **Antistaminici:** In caso di reazioni allergiche, consultate il veterinario per sapere quali antistaminici possono essere somministrati al vostro animale.

- **Carbone attivo:** Utile per assorbire tossine in caso di avvelenamento, ma deve essere somministrato solo se consigliato dal veterinario.

- **Fasce elastiche e garze:** Per medicare eventuali ferite o lesioni.

- **Antisettico:** Una soluzione antisettica sicura per pulire ferite e abrasioni.

c. Kit di Pronto Soccorso

Include una selezione di articoli per il primo soccorso:

- **Bende e garze:** Essenziali per coprire ferite aperte.

- **Nastro adesivo:** Per fissare bende e garze.

- **Pinzette:** Utili per rimuovere schegge o spine.

- **Forbici:** Per tagliare bende o medicazioni.

d. Nutrizione e Idratazione

- **Cibo di emergenza:** Una piccola scorta di cibo secco o umido per animali. Assicuratevi che sia adatto alla dieta del vostro animale.

- **Acqua:** Tenete a disposizione una bottiglia d'acqua fresca. In caso di emergenza, l'idratazione è fondamentale.

e. Informazioni Utili

Includete informazioni su:

- **Piante tossiche:** Una lista delle piante velenose più comuni in Italia, con immagini e descrizioni per facilitare il riconoscimento.

- **Sintomi di avvelenamento:** Un elenco di segnali che indicano un possibile avvelenamento, come vomito, diarrea e letargia.

3. Organizzazione del Kit

Per rendere il kit di emergenza più efficace, organizzate gli elementi in modo logico. Utilizzate piccole etichette o separatori per identificare facilmente i vari compartimenti del kit. Questo permetterà di trovare rapidamente ciò di cui avete bisogno in caso di emergenza. Se possibile, personalizzate il kit in base alle esigenze specifiche del vostro animale domestico.

4. Aggiornamenti e Manutenzione

È importante controllare regolarmente il kit di emergenza per assicurarvi che tutti gli articoli siano in buone condizioni e che i medicinali non siano scaduti. Aggiornate le informazioni contenute nel kit, come i dettagli veterinari e la lista delle piante tossiche, per riflettere eventuali cambiamenti nella salute del vostro animale o nell'ambiente circostante.

5. Educazione e Consapevolezza

Incoraggiate i membri della famiglia a familiarizzare con il kit di emergenza e a sapere come utilizzarlo. Organizzate sessioni informative per insegnare a tutti come riconoscere i segni di avvelenamento e come agire in caso di emergenza. La consapevolezza è una delle chiavi per garantire la sicurezza degli animali domestici.

Conclusione

Creare un kit di emergenza per gli animali domestici è un passo essenziale per garantire la loro salute e sicurezza. Con una preparazione adeguata e una buona organizzazione, sarete pronti a rispondere in modo tempestivo ed efficace a qualsiasi emergenza. Non dimenticate di aggiornare regolarmente il kit e di educare tutti i membri della famiglia sulle procedure di emergenza. La sicurezza dei vostri amici a quattro zampe dipende dalla vostra prontezza e attenzione.

VIII. Piante Velenose nei Giardini e Parchi Pubblici: Dove Prestare Attenzione

1. Le Piante Velenose più Comuni nei Giardini

Quando si parla di giardinaggio, è fondamentale avere una buona conoscenza delle piante che possono essere tossiche per gli esseri umani e gli animali domestici. Diverse piante velenose possono trovarsi in giardini residenziali e pubblici, rendendo essenziale riconoscerle per garantire la sicurezza di tutti. Questo paragrafo esplorerà alcune delle piante velenose più comuni che potresti incontrare nel tuo giardino, fornendo descrizioni dettagliate e consigli pratici per evitarle.

1. Rhododendron (Rododendro)

Il Rododendro è una pianta ornamentale molto apprezzata per i suoi fiori colorati. Tuttavia, tutte le parti di questa pianta contengono sostanze tossiche, tra cui la grayanotossina, che può provocare sintomi come nausea, vomito e confusione se ingerita. Per riconoscere il Rododendro, cerca foglie ovali, coriacee, di un verde scuro e fiori a grappolo che possono variare nel colore dal bianco al rosa. Se hai un giardino, assicurati di posizionarlo in aree inaccessibili a bambini e animali.

2. Aconitum (Aconito)

Conosciuto anche come "morte d'un uomo", l'Aconito è una pianta perenne che può crescere fino a un metro e mezzo di altezza. Ha fiori blu o viola caratteristici, ma è altamente tossico; anche un piccolo assaggio può essere fatale. Gli alcaloidi presenti nelle radici e nei fiori possono causare gravi problemi cardiaci e neurologici. Quando coltivi piante, evita l'Aconito e opta per alternative non tossiche, soprattutto se nel giardino ci sono bambini o animali domestici.

3. Nerium oleander (Oleandro)

L'Oleandro è un arbusto sempreverde molto comune nei giardini mediterranei. Sebbene i suoi fiori siano belli e profumati, tutte le parti dell'Oleandro sono velenose. Ingestione di foglie o fiori può portare a sintomi gravi, tra cui aritmie cardiache e difficoltà respiratorie. Per evitare il rischio, è consigliabile piantare l'Oleandro in luoghi isolati e non accessibili. Se ci sono bambini, è meglio optare per piante più sicure e adatte ai giardini familiari.

4. Digitalis (Digitale)

La Digitalis, comunemente nota come Digitale o Digitale purpurea, è un'altra pianta tossica presente in molti giardini. Questa pianta perenne è conosciuta per i suoi fiori a forma di campana, che possono variare dal viola al bianco. Sebbene sia utilizzata in medicina per la produzione di farmaci cardiaci, le sue foglie e fiori contengono glicosidi cardiaci che possono causare nausea, vomito e anche arresto cardiaco. È importante evitare di coltivarla in giardini frequentati da bambini o animali.

5. Taxus baccata (Tasso)

Il Tasso è un albero sempreverde molto diffuso in giardini e parchi. Le sue bacche rosse possono sembrare attraenti, ma sono altamente tossiche. Solo il seme al centro della bacca è letale, mentre la polpa è innocua. Tuttavia, non è consigliabile lasciare che i bambini o gli animali domestici mangino le bacche. Il Tasso è facilmente riconoscibile per il suo fogliame verde scuro e la corteccia grigia. Per prevenire incidenti, piantalo in aree dove non è accessibile.

6. Euphorbia (Euforbia)

Le Euphorbie sono piante perenni, spesso utilizzate come piante ornamentali. Molte varietà di Euphorbia contengono un lattice bianco che può essere irritante per la pelle e tossico se ingerito. I sintomi di avvelenamento possono includere irritazione gastrointestinale e reazioni cutanee. Quando maneggi le Euphorbie, è importante indossare guanti per proteggerti dal lattice. Se hai animali domestici, considera di rimuovere queste piante dal tuo giardino.

7. Lantana camara (Lantana)

La Lantana è una pianta ornamentale con fiori colorati, ma è tossica sia per gli esseri umani che per gli animali. L'ingestione di foglie o frutti può portare a sintomi gastrointestinali e, in casi gravi, a problemi neurologici. È essenziale evitare di piantare la Lantana in giardini accessibili a bambini e animali domestici. La pianta è facilmente riconoscibile grazie ai suoi fiori composti di piccoli gruppi di petali.

Conclusione

Essere consapevoli delle piante velenose comuni nel giardino è un passo cruciale per la sicurezza di tutti. Riconoscere le caratteristiche di queste piante e adottare pratiche preventive può aiutarti a mantenere il tuo giardino sicuro. Se hai dubbi su una pianta specifica, consulta un esperto o un libro di botanica per avere ulteriori informazioni. Prendersi cura del proprio spazio verde richiede attenzione e consapevolezza, soprattutto quando si tratta di proteggere i più vulnerabili.

2. Riconoscere i Segni di Avvelenamento nei Giardini Pubblici

I giardini pubblici rappresentano un'importante risorsa per la comunità, offrendo spazi per il relax e l'interazione sociale. Tuttavia, la presenza di piante velenose può comportare rischi per la salute, specialmente per bambini e animali domestici. Essere in grado di riconoscere i segni di avvelenamento è fondamentale per garantire la sicurezza di tutti coloro che frequentano questi spazi. Questo paragrafo fornisce una guida dettagliata sui segni di avvelenamento da piante tossiche e su come intervenire in caso di emergenza.

1. Sintomi di Avvelenamento nei Bambini

I bambini sono particolarmente vulnerabili all'avvelenamento, poiché tendono a esplorare e mettere in bocca oggetti e piante senza comprendere il potenziale rischio. I sintomi di avvelenamento possono variare a seconda della pianta, ma alcuni segni comuni da osservare includono:

- **Nausea e vomito:** Questi sono tra i segni più evidenti di avvelenamento. Se noti che un bambino mostra questi sintomi dopo aver avuto accesso a piante nel giardino, è fondamentale agire rapidamente.

- **Difficoltà respiratorie:** Segnali come respiro affannoso, tosse persistente o cianosi (colorazione blu della pelle) possono indicare una reazione allergica grave o avvelenamento.

- **Eruzioni cutanee o prurito:** Alcune piante possono causare reazioni cutanee, che possono manifestarsi come arrossamenti, vesciche o orticaria.

- **Confusione o sonnolenza:** Se un bambino appare confuso o eccessivamente sonnolento, questo può essere un segnale di avvelenamento grave.

2. Sintomi di Avvelenamento negli Animali Domestici

Gli animali domestici, come cani e gatti, possono anch'essi essere vittime di avvelenamento, soprattutto se ingeriscono piante tossiche durante le passeggiate nei giardini pubblici. Alcuni segni da osservare includono:

- **Vomito o diarrea:** Questi sintomi possono manifestarsi rapidamente dopo l'ingestione di piante velenose e possono portare a disidratazione se non trattati.

- **Letargia:** Se un animale domestico appare stanco o apatico, potrebbe indicare un avvelenamento.

- **Tremori o convulsioni:** Alcuni veleni possono provocare gravi reazioni neurologiche. Se noti tremori incontrollati o convulsioni, è essenziale contattare un veterinario immediatamente.

- **Irritazione orale:** Se un animale si lecca o strofina il muso contro oggetti e mostra segni di disagio, potrebbe aver ingerito una pianta tossica. Ispeziona la bocca dell'animale se è possibile.

3. Segnali di Avvelenamento negli Adulti

Anche gli adulti non sono immuni ai rischi associati alle piante velenose. Se noti qualcuno che presenta sintomi di avvelenamento, fai attenzione ai seguenti segnali:

- **Nausea e vomito:** Analogamente ai bambini, gli adulti possono manifestare sintomi gastrointestinali dopo aver ingerito piante tossiche.

- **Difficoltà respiratorie:** Una respirazione compromessa è un segnale di allerta che non deve essere trascurato.

- **Irritazioni cutanee:** L'esposizione a piante velenose può portare a reazioni cutanee, come arrossamenti o vesciche, che richiedono attenzione medica.

- **Sintomi neurologici:** Confusione, vertigini o svenimenti sono segni che potrebbero indicare un avvelenamento grave. Questi sintomi richiedono un intervento immediato.

4. Cosa Fare in Caso di Avvelenamento

Se sospetti che un bambino, un animale domestico o un adulto abbia ingerito una pianta velenosa, è fondamentale agire rapidamente:

1. **Rimuovi l'individuo dalla fonte di avvelenamento:** Allontanati dalla pianta tossica per prevenire ulteriori esposizioni.

2. **Contatta un professionista:** Per i bambini, chiama il centro antiveleni o un medico. Per gli animali, contatta immediatamente il veterinario.

3. **Osserva i sintomi:** Raccogli informazioni sui sintomi osservati e sull'eventuale pianta tossica coinvolta. Queste informazioni possono aiutare i professionisti a fornire un trattamento più mirato.

4. **Non indurre il vomito:** Non tentare di indurre il vomito a meno che non sia specificamente raccomandato da un professionista, poiché in alcuni casi può peggiorare la situazione.

Conclusione

Essere in grado di riconoscere i segni di avvelenamento è cruciale per garantire la sicurezza in giardini e parchi pubblici. Educare se stessi e gli altri su questi segni e su come reagire in caso di avvelenamento può fare la differenza tra una situazione gestibile e un'emergenza potenzialmente letale. La prevenzione è la chiave, quindi informati sulle piante velenose comuni e fai attenzione quando frequenti spazi verdi.

3. Piante Tossiche da Evitare nei Giardini Residenziali

Quando si progetta un giardino residenziale, è fondamentale considerare non solo l'estetica delle piante, ma anche la loro sicurezza. Alcune piante, pur essendo attraenti e comunemente utilizzate, possono rappresentare un serio rischio per la salute di bambini e animali domestici. In questo paragrafo, esploreremo alcune delle piante tossiche più comuni che dovresti evitare nel tuo giardino, fornendo informazioni dettagliate su come riconoscerle e i motivi per cui dovrebbero essere escluse dal tuo spazio verde.

1. La Belladonna (Atropa belladonna)

La belladonna, nota anche come "piante degli incantesimi", è una pianta erbacea perenne che cresce in modo spontaneo in alcune zone d'Italia. Le sue bacche nere e lucide possono sembrare allettanti, ma sono estremamente velenose. Tutte le parti della pianta contengono alcaloidi tossici, che possono provocare sintomi gravi, come dilatazione delle pupille, allucinazioni, e in casi estremi, coma. È fondamentale evitare di piantare belladonna in giardini frequentati da bambini o animali domestici. Se già presente, è meglio rimuoverla con cautela indossando guanti protettivi.

2. Il Ricino (Ricinus communis)

Il ricino è una pianta ornamentale popolare, spesso utilizzata per la sua rapida crescita e il fogliame attraente. Tuttavia, le sue semi contengono ricina, una delle sostanze più tossiche conosciute. Ingestione anche di una sola bacca può risultare letale. I segni di avvelenamento includono nausea, vomito, diarrea e spasmi addominali. È consigliabile evitare il ricino in giardini familiari e preferire piante non tossiche con caratteristiche simili.

3. Il Tasso (Taxus baccata)

Il tasso è un albero sempreverde comunemente utilizzato nei giardini per la sua resistenza e il suo fogliame denso. Tuttavia, tutte le parti della pianta, eccetto la polpa rossa delle bacche, sono tossiche. Gli effetti del consumo di tasso possono variare da sintomi gastrointestinali a problemi cardiaci potenzialmente mortali. Se desideri utilizzare il tasso come pianta ornamentale, assicurati di posizionarlo lontano da aree accessibili a bambini e animali.

4. Il Oleandro (Nerium oleander)

L'oleandro è una pianta decorativa popolare, nota per i suoi fiori colorati e profumati. Tuttavia, ogni parte dell'oleandro è altamente tossica e contiene glicosidi cardiaci che possono provocare gravi aritmie, vomito e persino morte se ingeriti. Anche il semplice contatto con la pelle può causare irritazioni. È essenziale evitare di piantare oleandro in giardini frequentati da bambini o animali e considerare alternative più sicure, come l'hibiscus.

5. Il Ciclamino (Cyclamen spp.)

Il ciclamino è una pianta da fiore molto amata, soprattutto in autunno e inverno. Tuttavia, i tuberi di ciclamino sono tossici e possono causare gravi problemi gastrointestinali se ingeriti. In caso di avvelenamento, i sintomi possono includere vomito e diarrea, seguiti da crisi convulsive. Se desideri includere piante da fiore nel tuo giardino, valuta opzioni non tossiche come la violetta o il geranio.

6. Il Luppolo (Humulus lupulus)

Sebbene sia noto per la produzione di birra, il luppolo può causare reazioni avverse nei cani, con sintomi che vanno da tachicardia a elevata temperatura corporea. È fondamentale tenere questa pianta lontano da giardini frequentati da animali domestici. Se già presente, si consiglia di rimuoverla.

7. Evitare Piante Tossiche nel Giardino

Per proteggere il tuo giardino, esamina attentamente le piante esistenti e considera la loro sicurezza. Puoi informarti consultando guide botaniche locali o chiedendo consiglio a un vivaista esperto. Allo stesso modo, considera di piantare alternative sicure e non tossiche. Alcune piante ornamentali e fiorite sicure includono:

- **Il girasole (Helianthus annuus)**
- **La lavanda (Lavandula spp.)**
- **Il rosmarino (Rosmarinus officinalis)**
- **L'ortensia (Hydrangea spp.)**

Conclusione

La scelta delle piante da inserire nel giardino residenziale deve essere effettuata con attenzione, tenendo conto non solo dell'aspetto estetico ma anche della sicurezza. Evitare piante tossiche e informarsi sulle varietà sicure è essenziale per creare un ambiente sano e protetto per la famiglia e gli animali domestici. In questo modo, puoi godere della bellezza della natura senza compromettere la salute e il benessere di chi ti circonda.

4. Rischi delle Piante Velenose nei Parchi per Bambini

I parchi per bambini rappresentano spazi fondamentali per il gioco e lo svago, ma possono anche nascondere insidie pericolose, in particolare quando si tratta di piante velenose. È essenziale comprendere i rischi associati a queste piante e come riconoscerle, affinché genitori e operatori dei parchi possano garantire un ambiente sicuro per i più piccoli. In questo paragrafo, esamineremo i principali rischi delle piante velenose nei parchi, offrendo esempi pratici e suggerimenti su come affrontare questa problematica.

1. Tipi di Piante Velenose nei Parchi

Nei parchi pubblici, possono trovarsi diverse specie di piante velenose. Alcune delle più comuni includono:

- **Il Ciclamino (Cyclamen spp.):** Le sue foglie e fiori possono attirare l'attenzione dei bambini, mentre i tuberi sotterranei contengono saponine tossiche che possono causare gravi disturbi gastrointestinali.

- **La Belladonna (Atropa belladonna):** Anche se raramente si trova nei parchi, la belladonna può essere presente in aree boschive. Le sue bacche nere sono particolarmente attraenti ma altamente velenose.

- **L'Oleandro (Nerium oleander):** Spesso utilizzato come pianta ornamentale nei parchi, tutte le parti dell'oleandro sono tossiche e possono causare gravi effetti collaterali, come disturbi cardiaci.

- **Il Ricino (Ricinus communis):** Sebbene sia conosciuto per i suoi semi, che contengono ricina, il ricino è una pianta che può anche trovarsi nei parchi. La semplice ingestione di una bacca può essere fatale.

2. Riconoscere le Piante Velenose

Il primo passo per garantire la sicurezza dei bambini nei parchi è saper riconoscere le piante velenose. Le caratteristiche da osservare includono:

- **Forma e Colore delle Foglie:** Molte piante tossiche presentano foglie particolari. Ad esempio, le foglie dell'oleandro sono lunghe e lanceolate, mentre quelle del ciclamino sono cuoriformi.

- **Fiori e Frutti:** Fiori di colore vivace e bacche brillanti possono essere indicatori di piante pericolose. I fiori dell'oleandro sono rosa o bianchi, e le bacche della belladonna sono di un lucido nero.

- **Odori:** Alcune piante tossiche emanano odori particolari. È importante insegnare ai bambini a non toccare le piante che emanano odori sgradevoli o chimici.

3. Rischi per i Bambini

I bambini, per loro natura curiosa, tendono a esplorare il mondo intorno a loro e a mettere in bocca qualsiasi cosa trovino. Questo comportamento, combinato con l'attrattiva di alcune piante, può aumentare il rischio di avvelenamento. I seguenti punti evidenziano i potenziali pericoli:

- **Ingestione di Parti della Pianta:** Molti avvelenamenti nei bambini avvengono a causa dell'ingestione accidentale di bacche, foglie o fiori. È importante educare i bambini a non mangiare piante o frutti che non conoscono.

- **Contatto Cutaneo:** Alcune piante, come il tasso, possono causare irritazioni cutanee al contatto. È fondamentale insegnare ai bambini a lavarsi le mani dopo aver toccato piante e a segnalare eventuali irritazioni.

- **Reazioni Allergiche:** Alcuni bambini possono essere allergici a specifiche piante, il che può portare a reazioni gravi. I genitori dovrebbero essere consapevoli delle allergie del proprio bambino e identificare le piante che possono scatenare reazioni.

4. Educazione e Prevenzione

Educare i bambini riguardo ai pericoli delle piante velenose è una delle strategie più efficaci per prevenire incidenti. Ecco alcune tecniche pratiche:

- **Gite Educative:** Organizzare gite nei parchi dove i bambini possono imparare a riconoscere le piante velenose sotto la supervisione di adulti. Insegna loro a identificare piante sicure e pericolose.

- **Attività Pratiche:** Creare un "libro delle piante" dove i bambini possono disegnare o fotografare piante che incontrano, annotando quali sono sicure e quali no.

- **Cartelli Informativi:** Collaborare con i comuni per installare cartelli informativi nei parchi, che indicano le piante velenose e spiegano i loro pericoli.

5. Conclusione

I parchi per bambini possono essere luoghi di gioia e apprendimento, ma la presenza di piante velenose rappresenta un rischio significativo. Essere informati sulle piante tossiche, educare i bambini a riconoscerle e implementare misure preventive sono passi essenziali per garantire un ambiente sicuro. Con la giusta attenzione e formazione, possiamo proteggere i più piccoli da incidenti evitabili, permettendo loro di esplorare la natura in modo sicuro.

5. Individuazione e Prevenzione: Strategie per i Giardinieri

Per i giardinieri, la consapevolezza riguardo alle piante velenose è fondamentale per garantire la sicurezza di tutti, specialmente in aree frequentate da bambini e animali. La corretta individuazione e le strategie di prevenzione possono ridurre al minimo il rischio di avvelenamenti e contatti pericolosi. In questo paragrafo, esploreremo tecniche pratiche e suggerimenti utili per aiutare i giardinieri a gestire le piante tossiche in modo sicuro ed efficace.

1. Identificazione delle Piante Velenose

Il primo passo per la prevenzione è saper riconoscere le piante velenose. Ecco alcune piante comuni che potresti trovare nei giardini italiani:

- **Euforbia (Euphorbia spp.):** Questa pianta è nota per il suo lattice bianco, che può causare irritazioni cutanee. Le foglie sono di solito verdi e piccole, e i fiori sono colorati ma ingannevoli. È importante indossare guanti quando si maneggia questa pianta.

- **Ricino (Ricinus communis):** Sebbene sia spesso usato come pianta ornamentale, il ricino è altamente tossico. I suoi semi contengono ricina, una sostanza chimica che può essere letale se ingerita. I giardinieri devono prestare attenzione a non lasciare i semi alla portata di bambini o animali domestici.

- **Aconito (Aconitum spp.):** Conosciuto anche come "cappuccio di monaco", questa pianta ha fiori blu o viola caratteristici, ma tutte le sue parti sono estremamente tossiche. È fondamentale evitare il contatto e conoscere le sue caratteristiche.

Esempio Pratico
Per aiutarti a identificare le piante velenose, considera di creare un "libro delle piante" personale. Includi fotografie, descrizioni e informazioni sui potenziali rischi. Puoi anche utilizzare app di identificazione delle piante che ti aiuteranno a riconoscere facilmente le specie presenti nel tuo giardino.

2. Misure di Prevenzione
Dopo aver identificato le piante velenose, è importante adottare misure preventive. Ecco alcune strategie efficaci:

- **Pianificazione del Giardino:** Prima di piantare, informati su quali piante possono essere tossiche. Se hai bambini o animali domestici, opta per varietà non velenose. Puoi anche creare zone sicure, dove piantare solo specie sicure.

- **Etichettatura delle Piante:** Per giardinieri e visitatori, etichetta le piante velenose con avvisi chiari. Utilizza cartelli visibili per indicare i potenziali pericoli. Questo non solo aiuterà a informare gli altri, ma ti ricorderà anche di prestare attenzione quando lavori nelle vicinanze.

- **Barriere Fisiche:** In alcuni casi, può essere utile installare recinzioni o barriere per impedire l'accesso a determinate aree del giardino dove si trovano piante tossiche. Questo è particolarmente importante se ci sono bambini o animali che potrebbero esplorare.

Esempio Pratico
Considera di creare un'area "scoperta" nel tuo giardino dove i bambini possono giocare in sicurezza. Puoi piantare erbe aromatiche e fiori commestibili, come basilico o margherite, che sono sicuri e divertenti da esplorare.

3. Formazione e Consapevolezza
Educare te stesso e gli altri è essenziale per ridurre i rischi associati alle piante velenose. Ecco alcune idee:

- **Corsi e Workshop:** Partecipare a corsi di giardinaggio che includano informazioni sulla sicurezza delle piante. Molti vivai offrono sessioni informative che possono arricchire la tua conoscenza.

- **Risorse Online:** Approfitta delle risorse online, come video e articoli, che trattano la sicurezza delle piante. Puoi trovare guide e manuali che offrono informazioni preziose sui pericoli delle piante velenose.

- **Coinvolgimento della Comunità:** Organizza eventi di sensibilizzazione nella tua comunità per educare gli altri sui rischi delle piante tossiche. Incontri e passeggiate nel giardino possono essere ottimi momenti per condividere informazioni.

4. Gestione dei Rifiuti Vegetali

Un altro aspetto cruciale è la gestione dei rifiuti vegetali. Assicurati di smaltire correttamente le piante tossiche:

- **Smaltimento Sicuro:** Non gettare piante velenose nel compost domestico, poiché potrebbero contaminare il compost e diventare un rischio per l'orto. Usa sacchi resistenti per raccogliere e smaltire in modo sicuro le piante tossiche.

- **Informazioni ai Vicini:** Se lavori in un giardino condiviso, informa i tuoi vicini riguardo alle piante velenose. La collaborazione nella gestione del giardino aiuterà a mantenere un ambiente più sicuro per tutti.

5. Conclusione

La prevenzione e l'individuazione delle piante velenose sono essenziali per mantenere un giardino sicuro e accogliente. Conoscere le piante tossiche, implementare misure preventive e educare se stessi e gli altri possono ridurre significativamente i rischi. Attraverso l'adozione di strategie consapevoli, i giardinieri possono creare spazi verdi in cui i bambini e gli animali domestici possono giocare e divertirsi senza preoccupazioni.

6. Educazione Ambientale: Sensibilizzare la Comunità sulle Piante Tossiche

La sensibilizzazione della comunità riguardo alle piante tossiche è fondamentale per la sicurezza di tutti, specialmente nei contesti in cui bambini e animali domestici sono presenti. L'educazione ambientale non solo contribuisce a ridurre i rischi di avvelenamento, ma promuove anche una maggiore consapevolezza della biodiversità e della responsabilità ecologica. In questo paragrafo, esploreremo tecniche pratiche e idee efficaci per sensibilizzare la comunità su questo importante argomento.

1. Organizzazione di Eventi Educativi

Un modo efficace per sensibilizzare la comunità è attraverso eventi educativi. Questi possono assumere diverse forme:

- **Laboratori Pratici:** Organizza laboratori in cui i partecipanti possano imparare a identificare piante velenose. Puoi invitare esperti botanici o naturalisti per condurre sessioni informative. Durante i laboratori, i partecipanti possono esaminare campioni di piante e imparare a riconoscerle.

- **Passeggiate Naturalistiche:** Organizza passeggiate nei parchi o nei giardini locali, durante le quali un esperto possa mostrare ai partecipanti le piante tossiche presenti. Questo approccio pratico consente alle persone di vedere le piante nel loro habitat naturale e di apprendere in un contesto concreto.

- **Giornate della Sicurezza nel Giardino:** Potresti creare un evento annuale dedicato alla sicurezza nel giardino, in cui vengano condivise informazioni su come riconoscere e gestire le piante tossiche. Include dimostrazioni di tecniche di potatura e smaltimento sicuro.

Esempio Pratico

In un evento di questo tipo, potresti allestire un "angolo delle piante tossiche", dove i partecipanti possono vedere esemplari di piante velenose, accompagnati da etichette informative. Offri materiali di supporto, come opuscoli o schede informative, per aiutare le persone a ricordare ciò che hanno appreso.

2. Collaborazione con Scuole e Istituzioni

Le scuole rappresentano una piattaforma chiave per sensibilizzare le giovani generazioni. Ecco alcune idee per coinvolgere le scuole:

- **Programmi Scolastici:** Collabora con insegnanti e dirigenti scolastici per integrare argomenti sulle piante tossiche nei programmi di scienze. Le lezioni possono includere attività pratiche, come l'osservazione delle piante nel giardino scolastico.

- **Concorsi di Disegno:** Organizza concorsi di disegno o poster sul tema delle piante tossiche. Questo può stimolare l'interesse dei bambini e permettere loro di esprimere creativamente ciò che hanno imparato.

- **Progetti di Servizio alla Comunità:** Incoraggia gli studenti a partecipare a progetti di servizio, come la creazione di cartelli informativi sui pericoli delle piante velenose nei giardini pubblici e nei parchi.

Esempio Pratico

Un progetto scolastico potrebbe includere una visita a un giardino botanico, dove gli studenti possono vedere piante tossiche in un ambiente controllato. Gli insegnanti possono sfruttare questa esperienza per discutere l'importanza della sicurezza in giardino e dell'ecosistema locale.

3. Creazione di Materiale Informativo

Un altro aspetto importante dell'educazione ambientale è la creazione e distribuzione di materiale informativo. Ecco alcune idee:

- **Opuscoli e Guide:** Produci opuscoli informativi che descrivano le piante velenose più comuni nella tua area, accompagnati da immagini chiare e descrizioni dettagliate. Questi possono essere distribuiti in eventi locali, biblioteche e centri comunitari.

- **Contenuti Digitali:** Utilizza le piattaforme online per raggiungere un pubblico più ampio. Crea post sui social media, video educativi e articoli di blog per fornire informazioni utili sulle piante tossiche e sulle loro caratteristiche.

- **Newsletter Comunitarie:** Includi articoli sulle piante velenose nelle newsletter delle associazioni locali. Puoi fornire suggerimenti su come identificare e gestire queste piante nel proprio giardino.

4. Creazione di Gruppi di Interesse

La creazione di gruppi di interesse può incoraggiare la comunità a collaborare attivamente nella sensibilizzazione. Ecco come procedere:

- **Club di Giardinaggio:** Avvia un club di giardinaggio focalizzato sulla sicurezza delle piante. Incontri regolari possono includere discussioni su piante tossiche, scambio di informazioni e condivisione di esperienze.

- **Gruppi di Volontariato:** Organizza gruppi di volontariato per monitorare i giardini pubblici e rimuovere piante tossiche o segnalarle per la rimozione. Questo non solo promuove la sicurezza, ma incoraggia anche il lavoro di squadra e la responsabilità condivisa.

Esempio Pratico

Un club di giardinaggio potrebbe organizzare giornate di sensibilizzazione in cui si distribuiscono materiali informativi e si offre assistenza a chi desidera rimuovere piante tossiche dai propri giardini.

5. Monitoraggio e Valutazione

Infine, è essenziale monitorare l'efficacia delle iniziative di sensibilizzazione. Ecco come farlo:

- **Sondaggio della Comunità:** Dopo aver condotto eventi o distribuito materiale informativo, chiedi feedback alla comunità tramite sondaggi. Questo ti aiuterà a capire cosa ha funzionato e quali aree necessitano di miglioramenti.

- **Follow-up:** Organizza incontri di follow-up per discutere i progressi e le sfide affrontate nella sensibilizzazione riguardo alle piante tossiche. Questi incontri possono servire come opportunità per condividere nuove informazioni e risorse.

Conclusione

L'educazione ambientale è fondamentale per sensibilizzare la comunità sulle piante tossiche e promuovere comportamenti sicuri. Attraverso eventi educativi, collaborazione con le scuole, creazione di materiale informativo e formazione di gruppi di interesse, possiamo lavorare insieme per ridurre i rischi associati a queste piante. Un impegno condiviso per la sicurezza non solo protegge gli individui, ma crea anche una comunità più informata e consapevole.

7. Manutenzione Sicura: Come Gestire le Piante Velenose nel Giardino

Gestire le piante velenose nel proprio giardino richiede attenzione e consapevolezza, sia per garantire la sicurezza di chi frequenta lo spazio verde, sia per preservare l'ecosistema. In questo paragrafo, esploreremo le migliori pratiche per la manutenzione sicura delle piante velenose, fornendo tecniche pratiche e suggerimenti utili per principianti e giardinieri esperti.

1. Identificazione e Catalogazione delle Piante Velenose

Il primo passo per una gestione sicura delle piante velenose è la loro corretta identificazione. È essenziale sapere quali piante velenose sono presenti nel proprio giardino. Ecco come procedere:

- **Crea un Inventario:** Inizia catalogando tutte le piante del tuo giardino. Usa un quaderno o un'app di giardinaggio per annotare il nome comune e scientifico di ogni pianta. Puoi anche includere foto per facilitare il riconoscimento in futuro.

- **Utilizza Risorse Affidabili:** Consulta libri, guide e risorse online per identificare le piante velenose comuni nella tua area. Alcuni esempi di piante velenose da cercare includono la **Belladonna (Atropa belladonna)**, il **Rhododendron** e la **Cicuta (Conium maculatum)**.

Esempio Pratico

Puoi organizzare una giornata di esplorazione nel tuo giardino, portando con te un esperto di botanica per aiutarti a identificare le piante velenose. Questo approccio pratico non solo migliora le tue competenze, ma rende l'apprendimento più coinvolgente.

2. Sicurezza durante la Manutenzione

Una volta identificate le piante velenose, è fondamentale adottare misure di sicurezza durante la manutenzione. Ecco alcuni suggerimenti:

- **Indossa Equipaggiamento di Protezione:** Quando lavori con piante velenose, indossa sempre guanti resistenti e, se necessario, occhiali protettivi. I guanti devono essere impermeabili per evitare il contatto diretto con linfa o sostanze tossiche.

- **Evita il Contatto Diretto:** Utilizza attrezzi da giardinaggio, come cesoie o rastrelli, per gestire le piante velenose. Questo riduce il rischio di contatto diretto con la pianta.

- **Mantieni la Zona di Lavoro Pulita:** Dopo aver lavorato con piante velenose, assicurati di pulire gli attrezzi e il tuo spazio di lavoro. Rimuovi eventuali residui vegetali e disinfetta gli attrezzi utilizzando una soluzione di acqua e candeggina o un disinfettante appropriato.

3. Rimozione delle Piante Velenose

Se hai deciso di rimuovere piante velenose dal tuo giardino, segui queste linee guida per farlo in modo sicuro:

- **Pianifica la Rimozione:** Scegli una giornata asciutta e senza vento per rimuovere le piante velenose. Questo ridurrà il rischio di dispersione di pollini o spore tossiche.

- **Taglia le Piante alla Base:** Utilizza cesoie affilate per tagliare le piante velenose alla base. Se possibile, rimuovi anche le radici per prevenire la ricrescita. Durante il processo, evita di piegarti troppo vicino alla pianta.

- **Smaltimento Sicuro:** Una volta rimosse, smaltisci le piante velenose in modo sicuro. Non compostare le piante velenose, poiché i compost possono diffondere tossine. Invece, mettile in sacchi di plastica e smaltiscile secondo le normative locali.

Esempio Pratico

Durante una sessione di rimozione, assicurati di avere un piano di emergenza in caso di contatto accidentale con piante velenose. Avere a disposizione un kit di pronto soccorso nelle vicinanze può fare la differenza.

4. Educazione della Famiglia e degli Amici

Una parte fondamentale della manutenzione sicura delle piante velenose è educare gli altri che utilizzano il tuo giardino. Ecco come farlo:

- **Informa i Frequentatori del Giardino:** Parla con familiari, amici e visitatori del giardino riguardo alle piante velenose presenti. Spiega quali sono, come riconoscerle e perché è importante evitarle.

- **Segnaletica Chiara:** Considera l'idea di posizionare cartelli informativi accanto alle piante velenose. I cartelli possono indicare il nome della pianta e un avviso che ne sottolinea la tossicità.

Esempio Pratico

Puoi organizzare una breve visita guidata del giardino per mostrare le piante velenose e spiegare le misure di sicurezza a chiunque visiti. Questo coinvolgimento attivo aiuta a creare una comunità più consapevole.

5. Monitoraggio Continuo delle Piante Velenose

La manutenzione delle piante velenose non finisce con la loro identificazione e rimozione. È importante monitorare continuamente il tuo giardino:

- **Controlla Regolarmente:** Fai ispezioni regolari nel tuo giardino per rilevare la ricrescita di piante velenose o l'apparizione di nuove piante. Questo ti aiuterà a intervenire prontamente.

- **Documenta i Cambiamenti:** Mantieni un diario di giardinaggio per annotare le piante velenose e le loro condizioni nel tempo. Questo ti aiuterà a capire quali piante tendono a ricrescere e a pianificare la tua strategia di gestione.

Conclusione

Gestire le piante velenose nel giardino richiede impegno e attenzione, ma con le giuste tecniche e pratiche, puoi garantire un ambiente sicuro per tutti. Dall'identificazione alla rimozione, dalla manutenzione alla sensibilizzazione, ogni passo è cruciale. Una gestione proattiva non solo protegge la salute delle persone e degli animali, ma promuove anche un giardino sano e sostenibile.

8. Risorse e Strumenti per Riconoscere le Piante Tossiche in Natura

Riconoscere le piante tossiche è fondamentale per garantire la sicurezza propria e di chi ci circonda, soprattutto in ambienti naturali come parchi e giardini. Per facilitare questa attività, ci sono numerose risorse e strumenti che possono aiutare non solo a identificare le piante velenose, ma anche a comprendere meglio le loro caratteristiche. In questo paragrafo, esploreremo le diverse risorse disponibili, comprese app, guide, corsi, e metodi pratici, per aiutarti a diventare un esperto nel riconoscimento delle piante tossiche.

1. Guide Botaniche e Libri di Riferimento

Le guide botaniche sono risorse indispensabili per chi desidera identificare le piante velenose. Questi libri forniscono informazioni dettagliate su vari aspetti delle piante, tra cui:

- **Descrizioni dettagliate:** Le guide solitamente includono descrizioni dettagliate delle piante, compresi nome scientifico e comune, habitat, fioritura e caratteristiche delle foglie.

- **Immagini e illustrazioni:** Le fotografie di alta qualità e le illustrazioni aiutano a identificare visivamente le piante. Assicurati di utilizzare guide recenti, poiché contengono le informazioni più aggiornate.

Esempi di Guide Utili

- **"Flora d'Italia" di Sandro Pignatti:** Un classico della botanica italiana, utile per identificare molte piante, inclusi i vegetali tossici.

- **"Piante velenose" di Andrea D'Ariano:** Una guida specifica sulle piante tossiche in Italia, con foto e descrizioni dettagliate.

2. Applicazioni per Smartphone

Con l'avanzamento della tecnologia, sono emerse numerose applicazioni per smartphone che facilitano l'identificazione delle piante in modo rapido e semplice. Queste app possono fornire informazioni instantanee su una pianta sospetta con pochi clic.

- **PlantSnap:** Questa app consente di identificare piante semplicemente scattando una foto. Include anche informazioni sulle piante tossiche e sui rischi associati.

- **PictureThis:** Oltre all'identificazione, offre consigli di cura e dettagli sui possibili pericoli delle piante.

Esempio Pratico

Quando fai una passeggiata in un parco o in una zona naturale, utilizza una di queste app per identificare le piante che incontri. Scattando una foto e confrontando i risultati, puoi ampliare la tua conoscenza in tempo reale.

3. Corsi e Workshop di Botanica

Partecipare a corsi o workshop di botanica è un ottimo modo per apprendere in modo pratico come riconoscere le piante tossiche. Molte organizzazioni ambientaliste, giardini botanici e università offrono programmi di formazione che includono:

- **Attività sul campo:** I corsi spesso prevedono escursioni sul campo, dove puoi osservare e identificare piante in situ. Questo approccio pratico aiuta a consolidare le conoscenze apprese.

- **Interazione con esperti:** L'opportunità di apprendere da botanici esperti e porre domande specifiche può arricchire notevolmente la tua comprensione.

Esempio Pratico
Controlla le offerte di corsi presso il tuo giardino botanico locale o associazioni naturalistiche. Anche i social media possono essere un ottimo strumento per trovare gruppi di appassionati di botanica nella tua area.

4. Reti di Comunità e Gruppi di Interesse
Unirsi a gruppi o associazioni locali di botanica o giardinaggio è un altro modo per acquisire conoscenze sulle piante tossiche. Questi gruppi spesso organizzano incontri, escursioni e discussioni che possono essere molto istruttive.

- **Scambi di Esperienze:** I membri possono condividere le proprie esperienze e conoscenze riguardo alla gestione delle piante velenose, creando un ambiente di apprendimento collaborativo.

- **Incontri Locali:** Partecipare a eventi locali può fornire l'opportunità di vedere direttamente le piante tossiche e apprendere come riconoscerle nel proprio contesto.

Esempio Pratico

Cerca gruppi su piattaforme social come Facebook o Meetup. Partecipa a eventi pubblici o gite organizzate per espandere la tua rete e apprendere insieme ad altri appassionati.

5. Visite a Giardini Botanici e Musei

Le visite a giardini botanici e musei di storia naturale possono essere esperienze preziose per apprendere sulle piante tossiche. Molti di questi luoghi offrono esposizioni permanenti e temporanee dedicate alla flora locale.

- **Tour Guidati:** Partecipa a tour guidati per ricevere informazioni approfondite sulle piante presenti, con focus particolare sulle piante velenose.

- **Materiali Informativi:** Approfitta dei materiali informativi disponibili nelle strutture per apprendere ulteriormente e approfondire le tue conoscenze.

Esempio Pratico

Organizza una visita al tuo giardino botanico locale, portando con te una guida o un'app di identificazione. Scopri insieme ad un esperto le piante velenose e chiedi approfondimenti.

Conclusione

Riconoscere le piante tossiche è una competenza essenziale per chi ama trascorrere tempo all'aria aperta. Utilizzando le risorse e gli strumenti giusti, puoi migliorare notevolmente le tue abilità di identificazione e garantire un ambiente sicuro per te e per gli altri. Dalla lettura di guide botaniche alla partecipazione a corsi pratici, ogni risorsa può offrire un valore unico nel tuo percorso di apprendimento.

IX. Esempi Pratici di Riconoscimento in Natura

1. Osservare le Foglie: Forme, Colori e Segni Distintivi delle Piante Tossiche

Per riconoscere una pianta velenosa, uno degli aspetti principali da esaminare è la morfologia delle foglie. Le foglie, infatti, presentano caratteristiche uniche in termini di forma, colore, consistenza e disposizione che possono aiutare a identificare una pianta come potenzialmente tossica. Conoscere queste particolarità non solo è utile per evitare il contatto con piante pericolose, ma permette anche di sviluppare un occhio allenato nel distinguere le specie nocive da quelle innocue. In questo paragrafo esploreremo i principali tratti distintivi delle foglie delle piante velenose più comuni in Italia e daremo indicazioni su come osservarle in modo efficace.

Forme delle Foglie

Una delle prime caratteristiche da osservare è la forma delle foglie, che varia molto tra le specie. Molte piante tossiche hanno foglie dal contorno ben definito, spesso lobate o divise in segmenti. Ad esempio, l'Aconitum, una pianta estremamente velenosa, presenta foglie palmate e profondamente divise in lobi appuntiti. Anche la cicuta, un'altra pianta nota per la sua tossicità, ha foglie simili a quelle delle carote, bipennate e con margini seghettati. Per identificare la forma corretta, è utile osservare la foglia nel suo insieme e confrontarla con immagini o descrizioni dettagliate presenti nelle guide botaniche o nelle app di riconoscimento.

Alcune piante velenose, come la digitale, hanno foglie lanceolate, ossia allungate e appuntite. Questa forma è comune anche in altre specie innocue, per cui è importante abbinare la forma della foglia ad altre caratteristiche distintive. Un consiglio pratico è quello di portare sempre con sé un piccolo quaderno per annotare dettagli come la forma e il margine delle foglie, rendendo più semplice il confronto con altre piante osservate in natura.

Colore e Trama della Superficie Fogliare

Il colore delle foglie può essere un altro indicatore della tossicità di una pianta. Alcune piante velenose presentano tonalità particolarmente vivaci o, al contrario, opache. La datura, per esempio, ha foglie di un verde intenso e opaco, spesso con una leggera peluria sulla superficie. Questa caratteristica può aiutare a distinguerla da altre specie con foglie simili ma più lucenti. Anche l'oleandro, che è altamente tossico, presenta foglie verde scuro dalla consistenza coriacea, quasi cuoiosa al tatto.

Osservare la trama della superficie può fornire ulteriori indizi. Alcune piante velenose hanno foglie ricoperte da una sottile peluria, come la belladonna, oppure presentano ghiandole o piccoli puntini che sono visibili controluce. Esaminare questi dettagli da vicino, magari con l'ausilio di una lente d'ingrandimento portatile, permette di rilevare tratti che a occhio nudo potrebbero sfuggire. La consistenza delle foglie è un altro aspetto importante: foglie carnose o spesse possono indicare una potenziale tossicità, come accade con l'euforbia.

Segni Distintivi: Macchie, Nervature e Bordo della Foglia

Un'altra caratteristica utile per riconoscere le foglie di una pianta velenosa è la presenza di macchie o nervature particolarmente evidenti. Ad esempio, il ricino, noto per la sua elevata tossicità, ha foglie ampie, palmate e talvolta con macchie rossastre o violacee lungo le nervature. Questi segni distintivi possono rappresentare un campanello d'allarme per evitare il contatto con la pianta.

Il bordo delle foglie può variare da liscio a dentellato, e questo è un aspetto rilevante da considerare. Piante come il tasso, una delle piante più velenose d'Europa, hanno foglie aghiformi, lunghe e strette, con margini lisci e punte acuminate. Altre piante, come il ligustro, possiedono margini più ondulati, mentre la cicuta presenta bordi seghettati. Riconoscere queste caratteristiche può richiedere un po' di pratica, ma osservare attentamente il bordo della foglia è fondamentale per una corretta identificazione.

Tecniche Pratiche di Osservazione

Un metodo pratico per riconoscere le foglie delle piante tossiche è avvicinarsi gradualmente alla pianta, evitando di toccarla direttamente. Utilizzare un bastoncino o un rametto per sollevare la foglia e osservarla da vicino, evitando il contatto diretto con le mani. Un altro consiglio è quello di fotografare la pianta e le sue foglie, annotando i dettagli per confrontarli successivamente con guide o app di riconoscimento. Per chi frequenta spesso aree boschive o parchi, un kit di osservazione, comprensivo di lente d'ingrandimento e pinzette, può rivelarsi un valido strumento per esaminare le foglie senza toccarle.

Esempio Pratico: Riconoscere la Belladonna

Come esempio pratico, analizziamo la belladonna, una delle piante più velenose presenti in Italia. Le foglie di questa pianta sono grandi, di forma ovale e con margini leggermente ondulati. Presentano una peluria sottile che conferisce una texture leggermente vellutata. Un altro segno distintivo è il colore verde intenso, a volte con sfumature violacee. Avvicinandosi alla pianta con cautela, osservate questi dettagli e, se possibile, confrontate l'immagine con una guida illustrata. La pratica nell'identificare le foglie della belladonna aiuterà a sviluppare una maggiore sicurezza nel riconoscimento di altre specie tossiche.

2. Riconoscere i Fiori Tossici: Colori e Strutture da Tenere a Mente

I fiori sono tra gli elementi più affascinanti della natura, ma possono anche rappresentare un rischio notevole quando appartengono a piante velenose. La bellezza di alcuni fiori tossici nasconde sostanze pericolose, capaci di causare gravi danni a chi entra in contatto con essi. Imparare a riconoscere i fiori delle piante velenose diventa, quindi, essenziale per evitare incidenti, soprattutto per chi ama passeggiare nei parchi o coltivare il proprio giardino. In questo paragrafo esamineremo le principali caratteristiche dei fiori velenosi, con particolare attenzione ai colori e alle strutture da osservare attentamente per una corretta identificazione.

Colori Intensi e Accesi: Un Segnale d'Allarme

Molti fiori di piante tossiche presentano colori vivaci e accesi, quasi come un avvertimento naturale. Ad esempio, i fiori dell'oleandro sono spesso rosa acceso o bianco e crescono in gruppi attraenti, ma contengono potenti tossine che possono essere letali. Anche il fiore della digitale purpurea, dal caratteristico colore viola intenso, è altamente velenoso. Osservare i colori brillanti o insoliti dei fiori può quindi rappresentare un primo indicatore per identificare una pianta tossica.

Un altro esempio è la belladonna, i cui fiori sono di un viola scuro, quasi misterioso, e con una forma campanulata. Questo colore può attirare l'attenzione, ma è essenziale non toccarli o annusarli troppo da vicino. La regola generale è considerare con cautela i fiori dai colori particolarmente intensi, come giallo brillante, rosso acceso o blu elettrico, poiché molti di essi appartengono a specie tossiche.

Struttura dei Fiori: Forme e Dettagli da Riconoscere

La struttura del fiore è un altro elemento importante per distinguere le piante velenose. Alcuni fiori tossici presentano forme particolarmente elaborate e simmetriche, spesso con petali disposti in modo radiale o tubulare. Ad esempio, i fiori della datura hanno una forma a tromba molto evidente, con petali bianchi o viola chiaro che si aprono in maniera circolare. Questo tipo di fiore, sebbene attraente, è un chiaro segnale di allerta, poiché tutte le parti della pianta sono altamente velenose.

La struttura campanulata è tipica anche della digitale e della belladonna, che presentano fiori penduli, a forma di campana, e con un'asimmetria nei petali. Questa particolarità può essere facilmente osservata a occhio nudo e rappresenta un'indicazione utile per chi si trova a esplorare ambienti naturali. Altri fiori, come quelli dell'aconito, hanno una forma quasi "elmo", con petali sovrapposti che danno l'impressione di una piccola struttura a coppa. Anche questo è un segno distintivo che indica la potenziale pericolosità della pianta.

Texture e Particolarità dei Petali

Alcune piante velenose si distinguono anche per la texture dei petali, che può essere cerosa, vellutata o coperta da una leggera peluria. Il tasso, ad esempio, presenta fiori piccoli, spesso difficili da individuare, ma i suoi frutti rosso vivo e le foglie aghiformi sono altamente tossici. Anche i fiori della digitale, oltre al colore vivace, hanno una texture morbida e quasi vellutata, con piccole macchie interne di un colore più scuro che fungono da "guida" per gli insetti impollinatori. Queste particolarità, pur essendo dettagli minimi, possono fornire informazioni cruciali per distinguere le piante sicure da quelle pericolose.

Consigli Pratici per l'Osservazione dei Fiori

Un metodo sicuro per osservare i fiori tossici senza rischi è quello di evitare il contatto diretto e, se possibile, utilizzare strumenti come una lente d'ingrandimento o un binocolo per i dettagli più piccoli. Un'altra buona pratica è documentare l'aspetto del fiore fotografandolo a distanza e confrontarlo successivamente con guide botaniche specializzate. Per chi esplora frequentemente la natura, può essere utile scaricare un'app di riconoscimento delle piante, in grado di identificare i fiori velenosi a partire da una foto.

Quando si osservano i fiori delle piante tossiche, è importante prestare attenzione anche alle parti circostanti, come foglie, steli e frutti, poiché spesso la pericolosità della pianta si estende a tutte le sue componenti. Evitare assolutamente di staccare il fiore o di annusarlo troppo da vicino; alcune piante, come la datura, rilasciano un odore forte e tossico che può provocare malesseri se inalato a lungo.

Esempio Pratico: Riconoscere i Fiori dell'Aconito
Un esempio pratico per mettere in pratica queste tecniche di osservazione è l'identificazione dell'aconito, noto anche come "cappuccio del monaco" o "elmo di Giove" per la particolare forma del suo fiore. I fiori di aconito sono blu o viola scuro, con una struttura a elmo che copre la parte superiore. Osservando questi dettagli a distanza e confrontandoli con immagini di riferimento, è possibile identificare facilmente questa pianta e evitarne il contatto, consapevoli della sua elevata tossicità.

3. Identificare Bacche e Frutti Velenosi: Criteri di Colore e Forma

La presenza di bacche e frutti attraenti nel sottobosco o nei giardini può spesso ingannare, poiché molti di essi nascondono pericoli per chi li ingerisce o li manipola. Per questo motivo, è fondamentale sviluppare una certa abilità nel riconoscere le caratteristiche di bacche e frutti velenosi attraverso criteri specifici di colore, forma e texture. Questo paragrafo esplorerà questi elementi, fornendo strumenti pratici per identificare e distinguere i frutti pericolosi da quelli innocui.

Colori Intensamente Vivaci: Un Campanello d'Allarme

In natura, i colori intensi dei frutti e delle bacche spesso servono come avvertimento per gli animali e gli esseri umani. Molti frutti velenosi presentano tonalità come rosso vivo, arancione brillante, giallo o blu elettrico. Questi colori tendono ad attrarre, ma indicano anche la presenza di tossine. Ad esempio, le bacche del tasso (Taxus baccata) sono rosso acceso e, sebbene la polpa sia meno tossica, il seme contenuto all'interno è estremamente velenoso. Anche le bacche dell'edera comune (Hedera helix) sono altamente tossiche e assumono un colore blu-nero intenso durante l'inverno, attirando l'attenzione ma nascondendo un contenuto pericoloso.

Un altro esempio comune è la belladonna (Atropa belladonna), i cui frutti scuri e lucenti, quasi simili a piccoli ciliegie nere, sono particolarmente letali. La regola generale, quindi, è considerare con prudenza tutte le bacche e i frutti di colore intenso e vivace, soprattutto quando si trovano in ambienti naturali dove potrebbero facilmente confondersi con frutti commestibili.

Forma e Struttura: Elementi Chiave di Riconoscimento

Oltre al colore, la forma dei frutti e delle bacche fornisce indizi importanti. Molti frutti tossici presentano forme particolari, spesso sferiche, ovali o a grappolo. Ad esempio, le bacche del vischio (Viscum album) sono piccole e sferiche, di colore bianco perlaceo, e crescono in grappoli; sebbene visivamente affascinanti, contengono viscotossine dannose per l'organismo umano.

La forma dei frutti dell'agrifoglio (Ilex aquifolium), di un rosso vivo e anch'essi sferici, può trarre in inganno, ma tutte le sue parti risultano tossiche se ingerite, in particolare per bambini e animali domestici. Le bacche dell'aconito, invece, crescono in grappoli e si distinguono per la loro consistenza più rigida e un colore nero-bluastro. La disposizione dei frutti e la loro forma complessiva sono quindi dettagli preziosi per una corretta identificazione: una buona pratica è osservare se le bacche crescono singolarmente, in grappoli o a coppie, poiché ogni struttura può indicare una diversa tipologia di pianta.

Texture e Consistenza dei Frutti

Anche la consistenza e la texture delle bacche e dei frutti tossici rappresentano un elemento utile per il riconoscimento. Alcuni frutti velenosi, come le bacche del mughetto (Convallaria majalis), hanno una superficie liscia e cerosa che le rende facilmente riconoscibili. Altri frutti, come quelli della pianta di ricino (Ricinus communis), presentano una buccia spinosa che protegge il seme, uno dei veleni naturali più potenti. In generale, i frutti con buccia lucida, cerosa o addirittura spinosa richiedono un'osservazione cauta e, se possibile, un confronto con guide botaniche affidabili prima di qualsiasi contatto.

Esempio Pratico: Distinguere le Bacche di Sambuco dalle Bacche di Edera

Un esempio comune di identificazione in natura riguarda le bacche del sambuco nero (Sambucus nigra) e quelle dell'edera comune (Hedera helix), entrambe presenti in molti giardini e parchi. Le bacche di sambuco, benché nere e lucenti, sono commestibili solo se cotte, poiché crude contengono una leggera tossina. Crescono in grappoli densi, simili a piccoli ombrelli, e sono pendule. Le bacche dell'edera, d'altra parte, sono di un blu-nero opaco, crescono in grappoli globulari più compatti e non pendono. Riconoscere questi dettagli può evitare di confondere una bacca potenzialmente commestibile con una altamente tossica.

Consigli Pratici: Fotografia e Confronto con Guide Botaniche

Per chi desidera acquisire familiarità con le bacche e i frutti tossici, una pratica efficace è documentare le piante incontrate con fotografie dettagliate. Scattare foto dei frutti, foglie e rami consente di analizzarle con calma, confrontandole con guide specifiche o app di riconoscimento vegetale. Quando ci si avventura in ambienti naturali, inoltre, è utile portare con sé una guida illustrata per confrontare le bacche osservate con le immagini di frutti velenosi noti.

L'uso di strumenti digitali, come app botaniche, può agevolare il riconoscimento in tempo reale e garantire un maggiore livello di sicurezza, soprattutto per chi si avvicina alla natura con minori o animali domestici.

4. Analisi della Corteccia e dei Rami: Caratteristiche Visive per il Riconoscimento

Identificare piante tossiche basandosi sulla corteccia e sui rami è una competenza essenziale per riconoscere in modo sicuro le specie pericolose, soprattutto quando non ci sono fiori o foglie visibili. Alcune piante velenose presentano caratteristiche uniche e facilmente distinguibili nella corteccia e nei rami, che possono aiutare chiunque a identificare potenziali rischi con maggiore precisione.

Texture della Corteccia: Ruvida, Liscia o Scagliosa?

La texture della corteccia rappresenta uno dei primi elementi da osservare. Ad esempio, l'oleandro (Nerium oleander), una delle piante ornamentali più tossiche, ha una corteccia liscia e grigio-marrone. Nonostante il suo aspetto innocuo, ogni parte dell'oleandro contiene potenti tossine. La corteccia dell'albero di tasso (Taxus baccata), al contrario, è più fibrosa e presenta una colorazione rosso-marrone, con una consistenza leggermente scagliosa in alcune parti più vecchie. Anche il tasso è altamente velenoso, e la sua corteccia è un segnale visivo da tenere a mente durante le escursioni in aree boschive o nei giardini dove è presente.

Un'altra pianta velenosa che presenta una texture unica nella corteccia è il ricino (Ricinus communis). La corteccia di questa pianta è relativamente liscia, ma i rami sono caratterizzati da una colorazione verde brillante con striature rossastre. La presenza di corteccia di questo tipo, unita ai frutti spinosi, rende il ricino facilmente distinguibile e aiuta a identificare una delle piante più tossiche del mondo.

Colore della Corteccia: Un Segno Distintivo
Oltre alla texture, anche il colore della corteccia può essere un fattore utile per riconoscere alcune piante velenose. Ad esempio, il sambuco velenoso (Sambucus ebulus), spesso confuso con il sambuco nero commestibile, ha una corteccia grigio chiaro tendente al marrone chiaro e si distingue per i suoi rami verdi striati. Questa caratteristica lo differenzia dal sambuco nero, la cui corteccia è più scura e rugosa.

Un altro esempio è l'albero di aconito (Aconitum), la cui corteccia è di solito grigia e ruvida, ma con macchie scure su alcuni rami, specialmente nelle piante più mature. Questa caratteristica può essere un indizio utile quando si cerca di evitare l'aconito, le cui radici e foglie contengono alcaloidi molto tossici.

Rami: Morfologia e Andamento
La disposizione e l'andamento dei rami possono fornire ulteriori informazioni per il riconoscimento delle piante velenose. Alcune specie presentano rami che crescono in modo molto ordinato o simmetrico, mentre altre, come il ricino, hanno una disposizione irregolare e una forma molto allargata, con rami che si sviluppano in tutte le direzioni.

Il vischio (Viscum album), noto per la sua velenosità, cresce sui rami di alberi ospiti e forma una massa di rami sottili e intrecciati. Questa morfologia intricata e sferica lo rende facilmente distinguibile anche da lontano. La struttura dei rami è spesso più evidente nei mesi invernali, quando le foglie sono cadute e la pianta risulta ancora più visibile grazie ai suoi grappoli di bacche bianche, che spiccano tra i rami nudi degli alberi.

Segni Particolari e Cicatrici sulla Corteccia

Osservare la corteccia e i rami può anche aiutare a identificare piante velenose grazie a segni particolari o "cicatrici". Alcune specie, come il lauroceraso (Prunus laurocerasus), possono sviluppare linee verticali o cicatrici sulla corteccia, facilmente riconoscibili al tatto e alla vista. Questo fenomeno, sebbene non esclusivo delle piante velenose, può comunque essere un indizio per una rapida identificazione.

Un'altra caratteristica interessante è la presenza di linfa tossica che lascia macchie o colature sulla corteccia. Ad esempio, l'euforbia (Euphorbia spp.) produce una linfa lattiginosa e bianca, che fuoriesce facilmente dai rami spezzati o dalla corteccia danneggiata. Questa linfa è irritante per la pelle e altamente tossica se ingerita, e la sua semplice osservazione può quindi fungere da ulteriore elemento di riconoscimento.

Esercizio Pratico: Identificare la Corteccia del Tasso

Un esercizio pratico per sviluppare la capacità di riconoscere le piante velenose attraverso l'analisi della corteccia consiste nell'osservare l'albero di tasso. Cercare un albero con corteccia fibrosa, di colore rosso-marrone, e rami che tendono a crescere in modo disordinato, con aghi scuri e lucenti. Una volta individuato, il tasso risulterà molto riconoscibile anche in assenza delle caratteristiche bacche rosse. Questo tipo di esercizio è utile per affinare l'occhio e abituarsi a notare anche piccoli dettagli che, con il tempo, permetteranno un'identificazione più sicura di altre specie velenose.

Conclusioni e Consigli Pratici

Osservare corteccia e rami con attenzione può richiedere pratica, ma fornisce un metodo affidabile per riconoscere le piante tossiche, soprattutto nei periodi dell'anno in cui foglie, fiori e frutti non sono presenti. Utilizzare guide illustrate e, se possibile, app di riconoscimento botanico può agevolare questo processo. Con il tempo, l'identificazione visiva diventa un'abitudine, aumentando il livello di sicurezza durante le esplorazioni in natura.

5. Differenze tra Specie Simili: Come Distinguere Piante Tossiche da Piante Innocue

Distinguere piante tossiche da specie simili e innocue è una competenza cruciale per chi esplora la natura o possiede un giardino, soprattutto quando alcune piante velenose condividono caratteristiche visive con specie comuni e innocue. Conoscere i dettagli che separano queste specie permette di evitare errori potenzialmente gravi. In questo paragrafo, esploreremo esempi pratici e tecniche per identificare le differenze tra alcune delle piante tossiche più diffuse e le loro controparti non velenose.

Sambuco Velenoso vs Sambuco Nero

Un esempio classico di somiglianza tra una pianta tossica e una innocua è quello tra il sambuco velenoso (Sambucus ebulus) e il sambuco nero (Sambucus nigra). Entrambe le specie presentano fiori bianchi e bacche nere, ma il sambuco velenoso contiene sostanze tossiche che possono causare nausea, vomito e altri sintomi gastrointestinali.

Per distinguere le due piante, osservare l'altezza è un primo passo: il sambuco velenoso è più basso, generalmente non supera il metro e mezzo, mentre il sambuco nero può crescere fino a tre metri. Le foglie sono un altro elemento distintivo: nel sambuco nero le foglie hanno bordi più arrotondati, mentre nel sambuco velenoso sono più lanceolate e appuntite. Infine, le bacche del sambuco nero pendono in grappoli mentre quelle del sambuco velenoso tendono a restare erette verso l'alto.

Cicuta Maggiore vs Finocchio Selvatico

La cicuta maggiore (Conium maculatum), una delle piante più tossiche d'Italia, è facilmente confondibile con il finocchio selvatico (Foeniculum vulgare), una pianta comune edibile. Entrambe crescono in ambienti simili e condividono foglie piumose e fiori bianchi a ombrella, ma la cicuta contiene alcaloidi estremamente velenosi che agiscono sul sistema nervoso.

Per distinguere le due piante, osservare i fusti è fondamentale: il fusto della cicuta è cavo, liscio e presenta macchie rosso-violacee, mentre quello del finocchio selvatico è verde e presenta una leggera peluria. L'odore è un altro segnale chiave: la cicuta ha un odore sgradevole e pungente, mentre il finocchio selvatico emana un forte aroma di anice. Infine, il finocchio ha una struttura più compatta e i suoi fiori tendono ad avere una tonalità più gialla rispetto alla cicuta.

Ricino vs Acero

Il ricino (Ricinus communis) è una pianta velenosa che può ricordare alcune varietà di acero a causa delle sue foglie lobate. Tuttavia, il ricino contiene la ricina, una sostanza tossica che può essere letale se ingerita anche in piccole quantità.

Per distinguere il ricino dall'acero, osservare la forma delle foglie può aiutare: le foglie di ricino sono più appuntite e lucide, con una tonalità che varia dal verde intenso al rosso, mentre quelle dell'acero hanno margini più regolari e sono generalmente di un verde uniforme. I frutti rappresentano un'altra differenza significativa: il ricino produce capsule spinose che contengono i semi tossici, mentre l'acero produce samare, i caratteristici frutti a forma di "elicottero".

Mughetto vs Aglio Orsino

Il mughetto (Convallaria majalis) è una pianta velenosa i cui fiori e foglie possono essere scambiati per quelli dell'aglio orsino (Allium ursinum), una pianta commestibile usata spesso in cucina. Le foglie sono simili, lunghe e lanceolate, ma la differenza principale si nota nell'odore: l'aglio orsino emana un forte profumo di aglio, che il mughetto non possiede.

I fiori forniscono un altro segnale distintivo: quelli del mughetto sono piccoli campanellini bianchi che crescono a grappolo su un solo lato dello stelo, mentre i fiori dell'aglio orsino sono bianchi, a forma di stella e formano infiorescenze a ombrella. È essenziale prestare attenzione durante la raccolta, poiché il mughetto è altamente tossico e può causare gravi problemi cardiaci se ingerito.

Belladonna vs Mirtillo

La belladonna (Atropa belladonna) è una pianta velenosa con bacche nere che possono essere confuse con i mirtilli. Le bacche di belladonna sono lucide e di dimensioni simili a quelle dei mirtilli, ma contengono alcaloidi molto pericolosi per il sistema nervoso.

Per distinguere queste due piante, osservare la disposizione delle bacche è utile: le bacche di mirtillo crescono in grappoli, mentre quelle di belladonna crescono singolarmente e si trovano su un piccolo calice verde alla base. Anche l'ambiente può aiutare nell'identificazione: la belladonna cresce spesso in terreni incolti e ai margini dei boschi, mentre i mirtilli sono comuni in ambienti montani e zone boscose fresche.

Consigli Pratici per l'Identificazione
Una tecnica semplice per riconoscere piante simili consiste nel portare con sé una guida illustrata o utilizzare un'app di riconoscimento botanico. Quando si osserva una pianta sospetta, è utile esaminare i dettagli: altezza, forma e disposizione delle foglie, colore e odore del fusto e dei fiori, e ambiente circostante. Prendere nota di più caratteristiche consente di fare un confronto accurato e, in caso di dubbi, evitare di toccare o raccogliere la pianta.

6. Segni di Tossicità nelle Radici e nei Bulbi: Aspetti Visibili e Precauzioni

Le radici e i bulbi di molte piante possono essere altamente tossici e rappresentano un rischio serio per chiunque venga in contatto con essi, soprattutto se manipolati o ingeriti accidentalmente. Piante comuni come la digitale (Digitalis purpurea), il narciso (Narcissus spp.) e l'aconito (Aconitum spp.) nascondono pericoli proprio nelle loro parti sotterranee, che spesso contengono concentrazioni elevate di composti velenosi. In questo paragrafo, esploreremo come riconoscere le radici e i bulbi tossici, le caratteristiche fisiche che li contraddistinguono e le precauzioni necessarie per evitare il contatto.

1. Caratteristiche delle Radici Tossiche

Le radici delle piante tossiche possono avere una varietà di forme, colori e strutture che, se osservate attentamente, possono fornire indizi sulla loro pericolosità. Ad esempio, l'aconito, noto anche come "pianta del diavolo", possiede radici lunghe e scure che tendono ad avere una consistenza carnosa. Queste radici contengono alcaloidi pericolosi come l'aconitina, che può essere assorbita persino attraverso la pelle.

Altre piante tossiche, come la cicuta maggiore (Conium maculatum), hanno radici bianche e lisce che possono ricordare quelle di una carota o di un prezzemolo selvatico. La loro somiglianza con specie commestibili rende ancora più importante l'osservazione dettagliata per evitare confusioni potenzialmente letali. In questi casi, è utile prestare attenzione all'odore: le radici della cicuta emanano un odore sgradevole simile a quello dell'urina, un chiaro segnale di pericolo.

2. Identificazione dei Bulbi Velenosi

I bulbi tossici, come quelli del narciso e del colchico autunnale (Colchicum autumnale), possono essere ingannevoli per chi non è esperto. Il narciso, ad esempio, ha un bulbo simile a quello di una cipolla, ma contiene licorina, un composto che può causare sintomi gravi come nausea, vomito e diarrea. Il colchico, invece, contiene colchicina, una tossina che può provocare insufficienza organica.

Un modo per riconoscere questi bulbi è osservarne la forma e la disposizione delle tuniche esterne, ovvero gli strati esterni del bulbo. Il narciso ha tuniche cartacee e sottili, di colore marrone chiaro, mentre il colchico ha un bulbo solido e tondeggiante. In caso di dubbio, evitare di toccare o rimuovere i bulbi sospetti è sempre la scelta più sicura.

3. Tecniche di Riconoscimento per Esploratori e Giardinieri

Per evitare il contatto accidentale con radici e bulbi tossici, è consigliabile imparare a riconoscere la pianta intera, partendo dalle foglie e dal fusto, prima di arrivare alla parte sotterranea. Spesso, le piante con radici o bulbi tossici mostrano segni di allarme anche nella parte visibile: l'aconito, ad esempio, ha fiori viola intenso che possono essere un segnale di pericolo.

Un altro approccio utile è l'uso di strumenti come app di identificazione botanica, che permettono di confrontare le caratteristiche della pianta con una banca dati di immagini e informazioni. Alcune app sono dotate di algoritmi di riconoscimento che possono suggerire specie velenose simili a quelle che si osservano, riducendo il rischio di errore.

4. Precauzioni Essenziali per la Manipolazione

Se è necessario rimuovere o manipolare radici o bulbi potenzialmente tossici, è fondamentale adottare misure di sicurezza adeguate. Indossare guanti protettivi è la prima regola per evitare il contatto diretto con la pelle. Anche se non tutte le radici e i bulbi rilasciano tossine attraverso il tatto, alcuni composti, come l'aconitina, possono penetrare attraverso i guanti sottili. Si consiglia quindi di usare guanti di gomma spessi e, in alcuni casi, occhiali protettivi per evitare che schizzi o particelle possano entrare a contatto con gli occhi.

Una volta terminato il lavoro, è essenziale lavarsi accuratamente le mani e disinfettare gli attrezzi usati. Anche il terreno intorno a queste piante può contenere tracce di tossine, quindi evitare di toccarsi il viso durante la manipolazione è un'altra misura di prevenzione importante.

5. Esempi di Errori Comuni da Evitare

Molti incidenti si verificano a causa di somiglianze tra piante commestibili e piante tossiche. Un esempio emblematico è quello della scambiabilità tra il bulbo del narciso e quello di una cipolla. In alcuni casi, persone inesperte hanno piantato narcisi accanto a piante commestibili e hanno accidentalmente raccolto il bulbo sbagliato. Per evitare questi errori, è importante mantenere le piante velenose in aree chiaramente separate e segnalarle con etichette visibili.

Un'altra pratica rischiosa è tentare di rimuovere radici o bulbi tossici senza conoscerne la specie. Se non si è sicuri dell'identificazione, è preferibile lasciare la pianta intatta o consultare un esperto in botanica. In caso di contatto accidentale con radici o bulbi sospetti, lavare immediatamente la parte esposta con abbondante acqua e sapone può ridurre il rischio di assorbimento delle tossine.

6. Conclusione

Riconoscere i segni di tossicità nelle radici e nei bulbi richiede attenzione e pratica, ma con una conoscenza di base delle caratteristiche distintive delle piante velenose, è possibile ridurre notevolmente il rischio di esposizione. Che si tratti di esploratori della natura o di giardinieri dilettanti, la prudenza è sempre il miglior strumento per difendersi dalle insidie nascoste del mondo vegetale.

7. Piante Tossiche nelle Diverse Stagioni: Come Riconoscerle durante l'Anno

La capacità di identificare le piante tossiche in tutte le stagioni è essenziale per evitare rischi, poiché molte piante velenose cambiano aspetto a seconda del periodo dell'anno. Durante l'anno, le piante possono mostrare segni distintivi visibili solo in certi mesi: fiori vivaci in primavera, bacche in estate o foglie dai colori accesi in autunno. Comprendere come le caratteristiche delle piante tossiche evolvano nel tempo permette di identificare potenziali minacce anche quando alcune parti della pianta non sono visibili o appaiono in una forma differente.

1. Primavera: Germogli e Fiori

In primavera, molte piante tossiche iniziano a sviluppare i primi germogli e fiori, elementi utili per l'identificazione. Ad esempio, l'aconito (Aconitum spp.), conosciuto anche come "elmo di Giove" per la particolare forma dei suoi fiori, produce in questa stagione fiori viola-blu dalla forma elmetto che sono inconfondibili. Riconoscere questa pianta è cruciale, poiché tutte le sue parti, incluse le radici, sono altamente velenose. Anche la digitale (Digitalis purpurea) fiorisce in primavera, con le sue caratteristiche campanule viola o bianche a macchie, contenenti glicosidi cardiaci pericolosi.

Le piante con foglie larghe e lucide, come l'alloro (Laurus nobilis) e il rododendro (Rhododendron spp.), si distinguono facilmente nei primi mesi dell'anno, ma è importante fare attenzione: alcune specie di rododendro contengono grayanotossine, composti che possono causare gravi disturbi gastrointestinali.

2. Estate: Bacche e Frutti

L'estate è la stagione in cui molte piante tossiche producono bacche colorate, spesso attraenti ma pericolose. È il caso della belladonna (Atropa belladonna), che sviluppa bacche nere e lucide altamente tossiche e capaci di provocare sintomi neurologici severi se ingerite. Anche la solanacea Dulcamara (Solanum dulcamara) produce in estate piccoli frutti rossi che ricordano dei pomodorini, ma che sono altrettanto velenosi.

Le bacche del vischio (Viscum album) maturano verso la fine dell'estate e possono apparire bianche o giallastre. Queste bacche contengono viscotossine e, se ingerite, possono provocare nausea, vomito e, in dosi elevate, effetti più gravi. Riconoscere i frutti tossici nelle escursioni estive è fondamentale, soprattutto per evitare che bambini o animali domestici possano accidentalmente ingerirli.

3. Autunno: Foglie e Semi

In autunno, molte piante tossiche si distinguono per il colore delle foglie o per la produzione di semi. È il caso dell'oleandro (Nerium oleander), che, nonostante sia verde tutto l'anno, in autunno lascia cadere foglie e semi velenosi. Anche il tasso (Taxus baccata) diventa più visibile in autunno per via dei suoi frutti rosso vivo, che contengono semi estremamente tossici per l'essere umano e per molti animali.

Il ricino (Ricinus communis) produce grandi semi ovali, simili a fagioli, che contengono ricina, una delle tossine più potenti. I semi del ricino possono facilmente attirare l'attenzione per il loro aspetto variegato, ma basta una minima quantità per provocare intossicazioni gravi. Osservare attentamente la forma e il colore dei semi e delle foglie è una strategia efficace per riconoscere e evitare le piante pericolose in questa stagione.

4. Inverno: Riconoscere le Piante Spoglie

Durante l'inverno, molte piante perdono le foglie e diventano più difficili da identificare. Tuttavia, anche in questo periodo è possibile notare alcuni tratti distintivi. Ad esempio, il tasso mantiene i suoi frutti rossi anche nelle prime settimane invernali, mentre l'oleandro, sebbene spoglio, conserva fusti e rami che possono essere riconosciuti dal colore e dalla forma allungata.

Le bacche del pungitopo (Ruscus aculeatus) possono rimanere attaccate alla pianta durante l'inverno. Anche se non sono velenose per l'uomo, possono risultare irritanti per alcuni animali. Infine, il vischio, che cresce spesso sui rami degli alberi, resta verde anche d'inverno e può essere riconosciuto per il contrasto con i rami spogli degli alberi ospiti. Il vischio è facilmente individuabile per le sue bacche bianche, che restano sulla pianta anche durante i mesi più freddi.

5. Consigli Pratici per il Riconoscimento nelle Diverse Stagioni

Per chi si avvicina all'identificazione delle piante tossiche, osservare i cambiamenti stagionali è essenziale. È consigliabile documentare le caratteristiche di ciascuna pianta per ogni stagione, magari scattando foto o tenendo un diario con descrizioni dettagliate. In questo modo, si può imparare a riconoscere le piante tossiche anche in condizioni di scarsa visibilità o in periodi in cui le parti pericolose non sono visibili.

Un'altra strategia utile è quella di utilizzare app botaniche che forniscono informazioni specifiche sulla stagionalità delle piante. Questo tipo di risorsa può aiutare a identificare una pianta anche quando mancano i segni evidenti di tossicità, come fiori o bacche. Infine, prendere parte a passeggiate didattiche o workshop organizzati da esperti botanici può fornire conoscenze pratiche che sono difficili da acquisire solo attraverso la teoria.

Conclusione
Riconoscere le piante tossiche nelle varie stagioni richiede un'attenzione costante e una buona conoscenza dei segni distintivi che ogni periodo dell'anno offre. Un approccio stagionale permette non solo di ampliare le proprie competenze di riconoscimento, ma anche di aumentare la sicurezza durante le escursioni o la gestione di giardini e spazi verdi.
Documentarsi e praticare il riconoscimento durante tutto l'anno è il modo migliore per diventare abili nell'individuazione delle piante tossiche.

8. Utilizzo di App e Guide sul Campo: Strumenti per un Riconoscimento Sicuro in Natura

Nel mondo moderno, la tecnologia offre strumenti potenti per chi desidera esplorare la natura e identificare le piante, in particolare quelle tossiche. Le app e le guide sul campo rappresentano risorse preziose che, se utilizzate correttamente, possono facilitare l'apprendimento e migliorare la sicurezza durante le attività all'aperto. Questo paragrafo esplorerà come utilizzare efficacemente queste risorse per riconoscere le piante velenose, con un focus pratico e suggerimenti per principianti.

1. Scelta delle App

Esistono numerose app progettate per aiutare gli utenti a identificare le piante in natura. Quando si seleziona un'app, è importante considerare alcune caratteristiche chiave:

- **Database Completo:** Assicurati che l'app disponga di un ampio database di piante locali, in particolare quelle velenose. Alcune app rinomate includono "PlantSnap", "Seek by iNaturalist" e "Flora Incognita", che offrono fotografie dettagliate e informazioni sulle piante.

- **Funzionalità di Riconoscimento:** Le migliori app utilizzano tecnologie di riconoscimento delle immagini per identificare le piante. Basta scattare una foto e l'app fornirà informazioni sulle specie. Questo è particolarmente utile quando ci si trova in situazioni in cui le descrizioni verbali non sono sufficienti.

- **Informazioni Dettagliate:** Verifica che l'app fornisca non solo il nome della pianta, ma anche informazioni sulla sua tossicità, le parti pericolose, i sintomi di avvelenamento e come evitarne il contatto.

- **Supporto Comunitario:** Alcune app, come "iNaturalist", consentono di connettersi con esperti e altri appassionati di botanica. Questo può essere utile per risolvere dubbi o apprendere da esperienze condivise.

2. Utilizzo delle App in Situ

Una volta scaricata un'app appropriata, è fondamentale saperla utilizzare correttamente per un riconoscimento efficace delle piante tossiche. Ecco alcune tecniche pratiche da seguire:

- **Osservazione Attenta:** Prima di scattare una foto, osserva attentamente la pianta. Nota le caratteristiche distintive come forma delle foglie, colore dei fiori, tipo di frutto e struttura del fusto. Un'osservazione dettagliata migliorerà la precisione dell'identificazione.

- **Scatta Foto di Alta Qualità:** Per ottenere risultati accurati, assicurati di scattare foto chiare e ben illuminate delle parti della pianta che stai cercando di identificare. Fai in modo che le immagini siano a fuoco e mostrino dettagli come venature, dimensioni e qualsiasi segno distintivo.

- **Confronto delle Immagini:** Dopo aver ricevuto il risultato dall'app, confronta le informazioni fornite con la pianta in questione. Controlla se i dettagli corrispondono a ciò che hai osservato. Non fidarti ciecamente del riconoscimento automatizzato; verifica sempre attraverso altre fonti.

3. Guide sul Campo

Oltre alle app, le guide sul campo rimangono strumenti utili per chi desidera approfondire la conoscenza delle piante. Ecco come utilizzarle al meglio:

- **Scegliere una Guida Riconosciuta:** Acquista o prendi in prestito guide scritte da esperti botanici, specifiche per la tua area geografica. Le guide con fotografie chiare e descrizioni dettagliate sono le più efficaci.

- **Studio Anticipato:** Prima di uscire, studia le piante tossiche che potresti incontrare. Familiarizzati con le immagini e le descrizioni per sapere cosa cercare durante le tue escursioni.

- **Annotare e Documentare:** Porta con te un taccuino per annotare osservazioni e disegni delle piante che incontri. Questo ti aiuterà a ricordare e a migliorare le tue capacità di riconoscimento.

4. Esempi Pratici

Immagina di essere in un bosco e di imbatterti in una pianta che attira la tua attenzione. Apri l'app sul tuo smartphone e scatta una foto della pianta, concentrandoti su fiori e foglie. Dopo aver ricevuto una possibile identificazione, consulta anche una guida sul campo per confermare i dettagli. Se l'app indica che la pianta è la belladonna, verifica nella guida le sue caratteristiche e segni di tossicità.

Se non hai accesso a tecnologia, portare con te una guida tascabile è fondamentale. In questo modo, se ti imbatte in una pianta sospetta, puoi riferirti immediatamente alla guida per confermare la tua osservazione.

5. Sicurezza Prima di Tutto

Infine, ricorda sempre che, sebbene le app e le guide siano strumenti utili, non sostituiscono l'esperienza e il buon senso. Se non sei sicuro di una pianta, evita di toccarla o di avvicinarti. È sempre meglio err on the side of caution.

Conclusione

L'utilizzo di app e guide sul campo può notevolmente migliorare la tua capacità di riconoscere le piante tossiche e contribuire alla tua sicurezza durante le esplorazioni nella natura. Con la giusta preparazione, pratica e attenzione, puoi trasformare ogni passeggiata in un'opportunità di apprendimento e scoperta. Imparare a riconoscere le piante velenose non solo ti proteggerà, ma ti permetterà anche di apprezzare maggiormente la bellezza e la varietà della flora che ci circonda.

X. Tecniche di Primo Soccorso e Rimedio in Caso di Contatto o Ingestione

1. Identificazione della Situazione di Emergenza: Riconoscere i Sintomi di Avvelenamento

La capacità di identificare i sintomi di avvelenamento è cruciale per la sicurezza personale e quella degli altri in caso di contatto o ingestione di piante velenose. Il riconoscimento tempestivo dei segni e dei sintomi di avvelenamento consente di intervenire rapidamente e in modo efficace. Le piante tossiche possono provocare una serie di reazioni avverse, che variano in base alla specie, alla quantità di sostanza tossica assorbita e alla sensibilità individuale. In questo paragrafo, esploreremo i sintomi più comuni associati all'avvelenamento da piante e forniremo indicazioni su come riconoscerli.

Sintomi Generali di Avvelenamento

I sintomi di avvelenamento possono manifestarsi in modi diversi e possono includere reazioni cutanee, gastrointestinali, neurologiche e respiratorie. È fondamentale essere vigili e monitorare eventuali cambiamenti nel comportamento o nella salute di chi è stato esposto a piante tossiche. Di seguito sono riportati i principali sintomi da tenere d'occhio:

1. Reazioni Cutanee

Le reazioni cutanee sono tra i sintomi più comuni di avvelenamento. Possono manifestarsi come arrossamenti, prurito, vesciche o orticaria. Questi segni si verificano frequentemente in seguito al contatto diretto con la linfa o le foglie di piante come l'edera velenosa o il lattuga selvatico. Se notate un'eruzione cutanea su chi è stato esposto a una pianta, è importante pulire immediatamente l'area interessata con acqua e sapone per ridurre il rischio di irritazione.

2. Sintomi Gastrointestinali

L'ingestione di parti di piante velenose può causare una serie di disturbi gastrointestinali. I sintomi più comuni includono nausea, vomito, diarrea e crampi addominali. Ad esempio, il consumo di bacche di alcune piante tossiche, come l'agrifoglio o il vischio, può portare a reazioni gastrointestinali severe. Se si verificano questi sintomi dopo l'ingestione di una pianta sospetta, è fondamentale mantenere la calma e non indurre il vomito a meno che non sia consigliato da un professionista sanitario.

3. Sintomi Neurologici

Le piante tossiche possono anche influenzare il sistema nervoso, causando sintomi come confusione, vertigini, mal di testa o, in casi estremi, convulsioni. Piante come il ciclamino o la digitale purpurea sono note per i loro effetti neurotossici. Se si osservano cambiamenti nel comportamento o nello stato di coscienza di una persona o di un animale domestico dopo l'esposizione a una pianta, è essenziale contattare immediatamente un medico o un veterinario.

4. Problemi Respiratori

Alcune piante tossiche possono provocare difficoltà respiratorie. Questo sintomo è particolarmente allarmante e può manifestarsi attraverso respiro affannoso, wheezing o gonfiore della gola. Piante come il giusquiamo possono causare reazioni allergiche gravi. Se notate sintomi respiratori, è importante cercare assistenza medica immediata.

5. Sintomi Cardiaci

Alcune piante, come il ricino, contengono tossine che possono influenzare il sistema cardiaco. I sintomi possono includere battito cardiaco irregolare, palpitazioni o dolore toracico. È fondamentale monitorare attentamente questi sintomi, poiché potrebbero richiedere un intervento medico urgente.

Conclusioni

Essere in grado di identificare i sintomi di avvelenamento è un passo fondamentale per proteggere se stessi e gli altri dagli effetti delle piante tossiche. La vigilanza e la conoscenza dei segni di avvelenamento possono fare la differenza tra una situazione gestibile e una vera emergenza. In caso di sospetto avvelenamento, è sempre meglio consultare un professionista sanitario per una valutazione e un intervento adeguati. Ricordate: in situazioni di emergenza, mantenere la calma è essenziale per prendere decisioni informate e tempestive.

2. Primo Soccorso Immediato: Cosa Fare in Caso di Contatto con Piante Tossiche

La prima e più importante azione da compiere è rimuovere la fonte di contatto il prima possibile. Questo può significare allontanarsi dalla pianta tossica o rimuovere indumenti contaminati. Se il contatto è avvenuto attraverso le mani o altre parti del corpo, è essenziale evitare di toccare il viso, specialmente gli occhi e la bocca, per prevenire una maggiore esposizione alla tossina.

Esempio Pratico:

Se un bambino o un animale domestico ha toccato una pianta come l'edera velenosa, assicuratevi di farlo sedere in un luogo sicuro e rimuovere qualsiasi foglia o parte della pianta che possa essere rimasta attaccata ai vestiti o alla pelle.

2. Lavaggio Immediato

Dopo aver rimosso la sorgente di contatto, il passo successivo è lavare immediatamente la zona colpita. Utilizzare abbondante acqua corrente e sapone neutro per pulire la pelle. Questa operazione è particolarmente importante se si sospetta che la pianta contenga sostanze irritanti o tossiche, come nel caso del lattuga selvatico o della cicuta. È consigliabile lavare la zona per almeno 15 minuti, assicurandosi di rimuovere completamente eventuali residui di linfa o polvere della pianta.

Tecnica Pratica:

- **Materiale Necessario:** acqua corrente, sapone neutro, garze o asciugamani puliti.

- **Procedura:** Immergere la zona colpita sotto l'acqua corrente, applicare sapone neutro e sfregare delicatamente la pelle per rimuovere ogni traccia di sostanza tossica. Asciugare con una garza pulita o un asciugamano, evitando di strofinare vigorosamente.

3. Trattamento delle Reazioni Cutanee

Se, dopo il lavaggio, compaiono segni di reazione cutanea come arrossamenti, vesciche o prurito, è importante trattare i sintomi localmente. L'applicazione di una crema al cortisone o di un gel di aloe vera può aiutare a lenire l'irritazione. In caso di forte prurito, si possono anche somministrare antistaminici orali, seguendo le indicazioni del medico o le istruzioni del foglietto illustrativo.

Esempio Pratico:

- **Materiale Necessario:** crema al cortisone, gel di aloe vera, antistaminici.

- **Procedura:** Applicare delicatamente la crema sulla zona interessata, evitando di graffiare l'area. Se si utilizzano antistaminici, seguire le dosi raccomandate.

4. Monitoraggio dei Sintomi

Dopo aver eseguito le prime operazioni di soccorso, è cruciale monitorare i sintomi per rilevare eventuali segni di avvelenamento. Questo può includere il monitoraggio di reazioni cutanee, sintomi gastrointestinali, neurologici o respiratori. Se si notano cambiamenti nel comportamento o nella salute, è fondamentale agire prontamente.

Indicazioni di Avviso:

- Difficoltà respiratorie (wheezing o respiro affannoso).
- Nausea, vomito o diarrea persistente.
- Gonfiore del viso o della gola.
- Confusione o perdita di coscienza.

5. Quando Chiamare aiuto

Se i sintomi non migliorano entro pochi minuti o se i segni di avvelenamento si intensificano, è fondamentale contattare i servizi di emergenza o recarsi immediatamente al pronto soccorso. È utile fornire informazioni specifiche sulla pianta coinvolta, se nota, e sui sintomi manifestati.

Note Importanti:

- Conservare una fotografia della pianta o portare un campione, se possibile, può aiutare i medici a identificare la sostanza tossica e a fornire il trattamento appropriato.

Conclusione

Essere pronti ad affrontare un contatto con piante tossiche richiede conoscenza e preparazione. Seguire queste indicazioni di primo soccorso non solo può alleviare i sintomi, ma può anche prevenire complicazioni più gravi. La chiave è rimanere calmi, agire rapidamente e monitorare attentamente qualsiasi cambiamento nella condizione della persona colpita. Ricordate sempre che, in caso di dubbio, non esitate a chiedere aiuto medico.

3. Gestione dell'Ingestione: Cosa Non Fare e Quali Passi Seguire

L'ingestione di piante tossiche è una situazione di emergenza che richiede attenzione immediata e appropriata. Spesso, il primo impulso è quello di agire in fretta per alleviare il problema, ma è cruciale sapere cosa NON fare e quali passi seguire per garantire la sicurezza della persona coinvolta. Questo paragrafo fornirà una guida chiara e dettagliata su come gestire l'ingestione di piante velenose, con un focus sulle azioni da evitare e le misure appropriate da adottare.

1. Non Indurre il Vomito

Uno degli errori più comuni in caso di ingestione di sostanze tossiche è cercare di indurre il vomito. Anche se può sembrare una soluzione logica, in molte situazioni può causare più danni che benefici. Indurre il vomito può portare a ulteriori irritazioni della gola e dell'esofago, oltre a rischi di aspirazione, che si verifica quando il materiale vomitato entra nei polmoni. Alcune tossine possono anche essere più pericolose se riportate in bocca. Pertanto, è fondamentale evitare di somministrare qualsiasi sostanza o metodo per indurre il vomito.

Esempio Pratico:

Se un bambino ha ingerito bacche di una pianta tossica, non tentate di farlo vomitare. Questo potrebbe aggravare il danno già subito e aumentare il rischio di complicazioni respiratorie.

2. Non Somministrare Alimenti o Bevande

Un altro errore comune è quello di cercare di "diluire" la sostanza tossica con acqua o altri liquidi. Anche se può sembrare che bere acqua possa aiutare, in realtà potrebbe facilitare l'assorbimento della tossina nel sistema. Inoltre, somministrare alimenti o bevande potrebbe interferire con eventuali trattamenti medici successivi, rendendo difficile il loro funzionamento. In caso di ingestione, è fondamentale non somministrare alcun tipo di cibo o bevanda fino a quando non si è consultato un professionista sanitario.

Nota Importante:
Se la persona colpita è cosciente e in grado di deglutire, può essere utile contattare un centro antiveleni o un medico per ricevere indicazioni specifiche.

3. Contattare un Centro Antiveleni

In caso di ingestione di piante tossiche, il passo più importante da seguire è contattare un centro antiveleni o un medico. Questi centri dispongono di esperti in tossicologia che possono fornire indicazioni immediate basate sulla pianta specifica ingerita e sui sintomi presenti. Essere pronti a fornire dettagli come il tipo di pianta, la quantità ingerita e il tempo trascorso dall'ingestione è cruciale per ricevere un trattamento adeguato.

Esempio di Comunicazione:
Quando si contatta un centro antiveleni, è utile avere con sé informazioni chiare e dettagliate, come ad esempio:

- Nome della pianta.

- Quantità ingerita.

- Sintomi osservati.

- Età e peso della persona colpita.

4. Monitorare i Sintomi

Durante l'attesa di assistenza medica, è importante monitorare attentamente i sintomi della persona colpita. Segnali come difficoltà respiratorie, vertigini, vomito, dolori addominali o confusione mentale richiedono attenzione immediata e potrebbero indicare una situazione di emergenza. Se i sintomi peggiorano, è fondamentale non esitare a cercare assistenza medica urgente.

Cosa Fare:

- Annotate i sintomi man mano che si manifestano.

- Tenete sotto controllo eventuali cambiamenti nel comportamento o nel livello di coscienza.

- Rimanete calmi e rassicurate la persona coinvolta, cercando di mantenere un ambiente tranquillo.

5. Raccolta di Campioni della Pianta

Se possibile, raccogliere un campione della pianta ingerita può fornire informazioni preziose ai medici. Assicuratevi di utilizzare guanti e maneggiare la pianta con cautela per evitare ulteriori esposizioni. Inserite il campione in un sacchetto di plastica o un contenitore sigillato per mantenerlo intatto fino all'arrivo dei soccorsi.

Nota Pratica:
Se non è possibile portare la pianta, una foto chiara della pianta e dei suoi dettagli (fiori, foglie, frutti) può essere utile.

Conclusione

Affrontare un caso di ingestione di piante tossiche può essere un'esperienza spaventosa, ma sapere come gestire la situazione può salvare vite. Evitare azioni dannose come indurre il vomito e contattare immediatamente un centro antiveleni sono le chiavi per affrontare correttamente l'emergenza. Monitorare i sintomi e raccogliere informazioni utili contribuirà a garantire che la persona riceva il trattamento adeguato nel modo più efficiente possibile. Ricordate, la preparazione e la calma possono fare la differenza in situazioni critiche.

4. Contatto con la Pelle: Rimuovere i Residui e Prevenire Reazioni Allergiche

Il contatto con piante tossiche può avvenire in modo accidentale, durante attività all'aperto come giardinaggio, escursioni o semplici passeggiate in natura. Le piante velenose, come il veleno di vite (Toxicodendron radicans), la lattuga di mare (Lactuca sativa), e l'oleandro (Nerium oleander), possono causare irritazioni cutanee, eruzioni e, in alcuni casi, reazioni allergiche gravi. È fondamentale sapere come gestire un contatto con la pelle in modo rapido ed efficace per prevenire complicazioni. Questo paragrafo fornirà istruzioni dettagliate su come rimuovere i residui di piante tossiche dalla pelle e prevenire reazioni allergiche.

1. Identificare il Contatto

La prima azione da intraprendere è identificare se il contatto è avvenuto con una pianta tossica. Molte piante tossiche hanno segni distintivi, come foglie lucide, fiori vivaci o spore pungenti. È importante riconoscere i sintomi immediati del contatto, che possono includere prurito, arrossamento, gonfiore o vesciche. Se si sospetta di aver toccato una pianta velenosa, è fondamentale agire senza indugi.

Esempio Pratico:

Se, durante una passeggiata, si nota prurito o bruciore dopo aver toccato una pianta, è utile ricordare quale pianta si è toccata e verificarne la tossicità.

2. Rimuovere Subito i Residui

Se si sospetta un contatto con una pianta tossica, il primo passo è rimuovere i residui dalla pelle il prima possibile. Ciò può essere fatto seguendo questi passaggi:

a. Lavaggio Immediato

Utilizzare abbondante acqua corrente per lavare la zona interessata. È consigliabile farlo sotto la doccia per assicurarsi che l'acqua sia fluida e in grado di rimuovere le particelle di polvere e linfa. Se l'acqua corrente non è disponibile, un recipiente con acqua pulita può essere utilizzato per il lavaggio.

- **Risciacquare:** Lavare la pelle con acqua per almeno 15-20 minuti.

- **Sapone neutro:** Se possibile, applicare un sapone neutro per rimuovere ulteriormente i residui. Evitare saponi aggressivi che potrebbero irritare ulteriormente la pelle.

Esempio di Lavaggio:
Se si entra in contatto con l'oleandro, lavare la pelle con acqua corrente e sapone neutro, prestando particolare attenzione ai punti di contatto.

3. Evitare di Grattare

Una volta rimosso il contatto iniziale, è fondamentale evitare di grattare la zona colpita. Grattare la pelle irritata può provocare ulteriori danni e portare a infezioni. In caso di forte prurito, è consigliabile applicare una crema lenitiva a base di aloe vera o un unguento con ingredienti antinfiammatori.

Rimedio Alternativo:
Se il prurito persiste, l'uso di una compressa di ghiaccio avvolta in un panno può aiutare a ridurre l'infiammazione e il disagio.

4. Monitorare i Sintomi

Dopo aver lavato la zona colpita, è importante monitorare i sintomi per un periodo di 24-48 ore. Se si sviluppano reazioni allergiche come arrossamenti severi, gonfiore o vescicole, è consigliabile consultare un medico. Reazioni più gravi, come difficoltà respiratorie o gonfiore del viso e della gola, richiedono assistenza medica immediata.

Segnali di Allerta:
Essere attenti a sintomi come:

- Febbre o brividi.

- Eruzioni cutanee che si espandono.

- Sensazione di oppressione nel petto.

5. Uso di Antistaminici

In caso di reazioni allergiche lievi, gli antistaminici da banco possono essere utilizzati per alleviare i sintomi. Seguire sempre le indicazioni sulla confezione per il dosaggio e la frequenza. Se i sintomi non migliorano dopo aver assunto l'antistaminico, consultare un medico per ulteriori opzioni di trattamento.

Consigli sull'Utilizzo:

- Gli antistaminici possono causare sonnolenza; è importante evitare di guidare o operare macchinari pesanti dopo averli assunti.

- Alcuni antistaminici possono interagire con altri farmaci; consultare un farmacista se si sta assumendo altro.

6. Prevenzione delle Allergie Future

Per prevenire il contatto futuro con piante tossiche, è consigliabile:

- Educarsi sulle piante tossiche locali.

- Indossare guanti e abbigliamento protettivo quando si giardina o si lavora all'aperto.

- Utilizzare scarpe chiuse e pantaloni lunghi durante le escursioni in natura.

Informazioni Utili:

Partecipare a corsi o seminari sull'identificazione delle piante tossiche può essere utile per migliorare la propria conoscenza e consapevolezza.

Conclusione
Affrontare il contatto con piante tossiche richiede rapidità e precisione. Rimuovere i residui il prima possibile, evitare di grattare la pelle e monitorare i sintomi sono passi fondamentali per prevenire complicazioni. L'uso di antistaminici e la prevenzione sono altrettanto essenziali per affrontare e mitigare i rischi associati al contatto con piante velenose. Conoscere le piante tossiche e le loro caratteristiche aiuterà a proteggere sé stessi e gli altri.

5. Interventi di Emergenza: Quando e Come Contattare i Servizi Sanitari

In caso di contatto con piante tossiche o di sospetta ingestione, è fondamentale sapere quando e come contattare i servizi sanitari. La prontezza nell'azione può fare la differenza tra una risoluzione rapida e complicazioni potenzialmente gravi. Questo paragrafo fornirà indicazioni su come riconoscere le situazioni di emergenza e sui passaggi da seguire per richiedere assistenza medica in modo efficace.

1. Riconoscere i Segnali di Emergenza
I segni di avvelenamento o reazione allergica possono manifestarsi in vari modi, e alcuni sintomi richiedono un intervento medico immediato. È essenziale prestare attenzione a qualsiasi cambiamento nel proprio stato di salute dopo un contatto con piante tossiche.

Sintomi Critici da Monitorare

- **Difficoltà respiratorie:** Se si avverte una sensazione di oppressione al petto o difficoltà nel respirare, è fondamentale chiamare immediatamente i servizi di emergenza. Questi sintomi possono indicare uno shock anafilattico, una reazione allergica grave che necessita di intervento rapido.

- **Gonfiore del viso, delle labbra o della lingua:** Questa condizione può compromettere le vie respiratorie e richiede attenzione urgente.

- **Convulsioni o perdita di coscienza:** Questi sintomi possono essere segni di avvelenamento grave e necessitano di assistenza immediata.

- **Eruzioni cutanee gravi o vesciche:** L'insorgenza di vesciche su ampia scala o di eruzioni cutanee che si diffondono rapidamente è un motivo valido per contattare i servizi sanitari.

- **Nausea o vomito persistente:** Se accompagnati da dolore addominale o diarrea, questi sintomi possono indicare un avvelenamento.

Esempio Pratico:
Se una persona ha ingerito accidentalmente bacche tossiche come quelle della pianta del sambuco (Sambucus) o dell'oleandro, e presenta uno o più dei sintomi sopra elencati, è fondamentale contattare il pronto soccorso.

2. Quando Contattare i Servizi Sanitari

Contattare i servizi sanitari è necessario quando i sintomi sono gravi o se vi è incertezza sulla gravità del contatto. Anche in assenza di sintomi immediati, è consigliabile chiamare se si sospetta di aver toccato una pianta nota per le sue proprietà tossiche e si è incerti sulla reazione possibile.

Situazioni in cui è Essenziale Richiedere Aiuto:

- **Contatto con piante estremamente tossiche:** Piante come la cicuta (Conium maculatum) o l'aconito (Aconitum) sono notoriamente letali e richiedono assistenza medica anche per esposizioni minime.

- **Ingestione di qualsiasi parte della pianta:** Anche il consumo di piccole quantità di piante tossiche può portare a sintomi gravi; quindi, non esitare a contattare i servizi di emergenza.

- **Manifestazione di sintomi che peggiorano:** Se i sintomi iniziali migliorano ma poi si aggravano, è fondamentale richiedere assistenza.

3. Come Contattare i Servizi Sanitari

Quando si decide di contattare i servizi sanitari, è importante farlo in modo chiaro ed efficace. Ecco alcuni suggerimenti per garantire una comunicazione efficace:

a. Fornire Informazioni Chiare e Complete

Quando si chiama il numero di emergenza, fornire informazioni dettagliate riguardanti:

- **La propria posizione:** Indicare chiaramente dove ci si trova, utilizzando riferimenti noti.

- **La natura del contatto:** Specificare se si è stati a contatto con una pianta tossica e quale pianta è coinvolta, se conosciuta.

- **Sintomi osservati:** Descrivere i sintomi che si stanno manifestando, la loro gravità e il tempo intercorso dal contatto.

b. Seguire le Istruzioni

È fondamentale seguire le istruzioni fornite dal personale sanitario. Se viene chiesto di attendere i soccorsi sul posto o di intraprendere un'azione specifica nel frattempo, seguire tali indicazioni scrupolosamente.

Esempio di Comunicazione Efficace:

"Buongiorno, sono [nome] e mi trovo a [posizione]. Ho appena toccato una pianta tossica, e ora sto avendo [sintomi]. Chiedo assistenza immediata."

4. Prepararsi all'Arrivo dei Soccorsi

Mentre si attende l'arrivo dei soccorsi, ci sono alcune misure da adottare per garantire la sicurezza della persona colpita:

- **Rimanere calmi:** La calma è fondamentale per gestire la situazione e garantire una comunicazione efficace con i soccorritori.

- **Evitare ulteriori esposizioni:** Se possibile, allontanare la persona colpita dalla fonte della tossicità.

- **Stare in posizione comoda:** Far sedere o sdraiare la persona colpita in una posizione comoda, mantenendo la testa sollevata se ha difficoltà a respirare.

5. Conclusione

Contattare i servizi sanitari è un passo cruciale in caso di avvelenamento o reazione allergica a piante tossiche. Riconoscere i sintomi critici, sapere quando e come richiedere assistenza, e seguire procedure di comunicazione chiare possono salvare vite. La prontezza d'azione e la consapevolezza delle piante tossiche locali sono essenziali per garantire la sicurezza e la salute.

6. Utilizzo di Rimedi Casalinghi: Cosa Può Essere Utile e Cosa Evitare

Quando si tratta di affrontare una reazione a piante tossiche, è fondamentale avere chiaro quali rimedi casalinghi possono essere utili e quali, al contrario, potrebbero aggravare la situazione. Molti di noi si sentono tentati di risolvere rapidamente il problema con metodi naturali o rimedi fai-da-te, ma non tutti sono sicuri ed efficaci. Questo paragrafo offre una guida esaustiva per comprendere l'utilizzo dei rimedi casalinghi in caso di contatto o ingestione di piante velenose.

1. Rimedi Casalinghi Utili

Alcuni rimedi casalinghi possono fornire sollievo in caso di contatto con piante tossiche. È importante, però, usare il buon senso e non sostituire questi rimedi all'assistenza medica professionale quando necessaria.

a. Lavaggi e Impacchi

- **Acqua e sapone neutro:** In caso di contatto con piante irritanti come l'ortica o la ghiandaia, lavare la zona interessata con acqua tiepida e sapone neutro può aiutare a rimuovere eventuali residui tossici. Questo è particolarmente utile per ridurre irritazioni cutanee.

- **Impacchi freddi:** Se la pelle è rossa o pruriginosa, applicare un impacco freddo sulla zona colpita può alleviare il dolore e ridurre l'infiammazione.

b. Rimedi Naturali

- **Aloe Vera:** Il gel di aloe vera è noto per le sue proprietà lenitive e idratanti. Applicare una piccola quantità di gel di aloe sulla pelle irritata può aiutare a calmare il bruciore e a promuovere la guarigione.

- **Olio di cocco:** L'olio di cocco può fungere da barriera protettiva sulla pelle, riducendo l'assorbimento di sostanze irritanti. Usare olio di cocco puro sulla zona interessata potrebbe aiutare a ridurre il fastidio.

c. Preparazioni Fai-da-Te

- **Infuso di camomilla:** La camomilla ha proprietà antinfiammatorie e può essere utilizzata per fare un lavaggio o un impacco. Preparare un infuso di camomilla, raffreddarlo e applicarlo sulla pelle irritata può apportare sollievo.

- **Bicarbonato di sodio:** Un bagno con bicarbonato di sodio può aiutare a calmare prurito e irritazioni cutanee. Sciogliere 1-2 tazze di bicarbonato in acqua calda e immergersi per 15-20 minuti.

2. Cosa Evitare

Non tutti i rimedi casalinghi sono sicuri. È essenziale sapere cosa evitare per non aggravare la situazione.

a. Rimedi Non Provetti

- **Non utilizzare alcol o acidi:** Applicare alcol o acidi come aceto può irritare ulteriormente la pelle e aggravare la reazione. Questi prodotti possono compromettere la barriera cutanea e causare bruciore intenso.

- **Evitare rimedi a base di erbe non conosciute:** L'uso di erbe o piante sconosciute può comportare rischi, poiché alcune possono essere tossiche o irritanti. Non improvvisare con piante di cui non si conoscono le proprietà.

b. Non Indurre il Vomito

Se si sospetta di aver ingerito una pianta velenosa, non tentare di indurre il vomito. Ingerire sostanze tossiche può portare a complicazioni ulteriori e pericolose, come l'aspirazione di materiale nel tratto respiratorio. È sempre meglio contattare i servizi sanitari in caso di ingestione.

c. Attenzione agli Allergeni

- **Evitare piante alle quali si è già allergici:** In caso di reazione a una pianta tossica, evitare l'uso di rimedi a base di piante che possono provocare allergie. Ad esempio, se si è allergici a piante della famiglia delle Asteracee, non usare preparati a base di camomilla.

3. Importanza di Un Giudizio Critico

È fondamentale mantenere un approccio critico e informato quando si utilizzano rimedi casalinghi. La prudenza e la consapevolezza sono essenziali per garantire la sicurezza e la salute. In caso di dubbi, non esitare a contattare un professionista della salute.

4. Quando Chiedere Aiuto Professionale

Se i sintomi persistono o si aggravano nonostante l'uso di rimedi casalinghi, è indispensabile contattare i servizi sanitari. La salute e la sicurezza devono sempre essere la priorità. Ricordare che i rimedi casalinghi sono un supporto temporaneo e non devono sostituire l'assistenza medica.

Conclusione

I rimedi casalinghi possono fornire un sollievo temporaneo in caso di esposizione a piante tossiche, ma è fondamentale sapere quali utilizzare e quali evitare. Mantenere un approccio informato e prudente è essenziale per garantire la sicurezza. Ricordarsi sempre che, in caso di dubbi o sintomi gravi, il contatto con i servizi sanitari è la scelta più sicura.

7. Preparazione a Situazioni di Emergenza: Creare un Piano di Azione

Essere preparati a gestire situazioni di emergenza legate all'esposizione a piante velenose è fondamentale, soprattutto per chi trascorre molto tempo all'aperto, come giardinieri, escursionisti e famiglie con bambini. Un piano di azione ben definito può fare la differenza tra una gestione efficace dell'emergenza e situazioni potenzialmente gravi. Questo paragrafo fornisce una guida pratica per creare un piano di emergenza, includendo strategie e risorse utili.

1. Valutazione dei Rischi

Il primo passo per prepararsi a situazioni di emergenza è la valutazione dei rischi. Identificare le piante velenose comuni nella propria area è essenziale per sapere a cosa prestare attenzione. Alcuni esempi di piante velenose italiane includono:

- **Belladonna (Atropa belladonna):** Questa pianta ha bacche nere e foglie lucide. È altamente tossica e può causare sintomi gravi in caso di ingestione.

- **Cicuta (Conium maculatum):** Conosciuta per il suo fusto maculato, è estremamente velenosa e può causare avvelenamento mortale.

- **Euforbia (Euphorbia spp.):** Alcune specie di euforbia contengono una linfa lattiginosa che può irritare la pelle e gli occhi.

Mappare i luoghi in cui si trovano queste piante e stabilire le aree da evitare è un passo cruciale per ridurre il rischio di esposizione.

2. Creare un Kit di Emergenza

Un kit di emergenza ben fornito è indispensabile per affrontare situazioni legate all'esposizione a piante tossiche. Ecco alcuni elementi essenziali da includere:

- **Acqua e sapone neutro:** Per lavare eventuali residui di sostanze tossiche dalla pelle.

- **Bende e garze sterili:** Per coprire eventuali ferite o irritazioni cutanee.

- **Gel di aloe vera:** Per lenire irritazioni cutanee o scottature.

- **Guanti monouso:** Per proteggere le mani durante la gestione di emergenze.

- **Elenco di numeri di emergenza:** Include il numero del centro antiveleni locale e il numero di emergenza.

Tenere il kit in un luogo facilmente accessibile e assicurarsi che tutti i membri della famiglia sappiano dove trovarlo.

3. Formazione e Sensibilizzazione

La formazione è un elemento chiave nella preparazione a situazioni di emergenza. Ecco alcune azioni pratiche da intraprendere:

- **Workshop o corsi di formazione:** Partecipare a corsi su primo soccorso e gestione delle emergenze può aumentare la consapevolezza e la preparazione. Molte organizzazioni offrono corsi specializzati su come gestire le esposizioni a sostanze tossiche.

- **Discussioni familiari:** Includere tutti i membri della famiglia nel processo di preparazione. Discutere le piante tossiche, i sintomi di avvelenamento e le azioni da intraprendere in caso di esposizione è fondamentale. Rendere la formazione interattiva, magari creando una sorta di gioco educativo, può facilitare l'apprendimento.

4. Stabilisci un Piano di Azione

Avere un piano di azione chiaro e condiviso è cruciale per una risposta rapida e coordinata in caso di emergenza. Il piano dovrebbe includere i seguenti punti:

- **Identificazione dei sintomi:** Creare una lista di sintomi da monitorare in caso di esposizione a piante tossiche, come nausea, vomito, eruzioni cutanee o difficoltà respiratorie.

- **Procedure di contatto:** Stabilire chi contattare in caso di emergenza e quali passaggi seguire. Ad esempio, se qualcuno mostra segni di avvelenamento, il primo passo è contattare un centro antiveleni e fornire dettagli sulla pianta coinvolta.

- **Uscita di emergenza:** Identificare un percorso chiaro per uscire da situazioni potenzialmente pericolose e raggiungere i servizi sanitari. Assicurati che tutti sappiano come raggiungere il luogo di emergenza più vicino.

5. Simulazioni di Emergenza

Infine, eseguire simulazioni di emergenza può aiutare a preparare tutti i membri della famiglia o del gruppo per affrontare situazioni reali. Organizza esercitazioni in cui si simula il contatto con una pianta velenosa e si pratica la risposta. Questo aiuta a rinforzare le procedure e a costruire fiducia.

Conclusione

Prepararsi a situazioni di emergenza legate all'esposizione a piante tossiche richiede una pianificazione attenta e l'impegno di tutti i membri della famiglia o del gruppo. Attraverso una valutazione dei rischi, la creazione di un kit di emergenza, la formazione e la simulazione, è possibile ridurre al minimo i rischi e garantire una risposta efficace in caso di necessità. Ricorda sempre che la prevenzione è la chiave per una gestione sicura delle emergenze legate alle piante tossiche.

8. Educazione alla Prevenzione: Insegnare Tecniche di Sicurezza ai Bambini e agli Animali

La sicurezza dei bambini e degli animali in natura è una priorità assoluta, specialmente in relazione al rischio di esposizione a piante velenose. Educare le giovani generazioni e i nostri amici a quattro zampe sui potenziali pericoli delle piante tossiche non solo li aiuta a evitare situazioni di avvelenamento, ma promuove anche una maggiore consapevolezza ambientale. Questo paragrafo fornisce strategie pratiche per insegnare ai bambini e prendersi cura degli animali domestici, assicurando un approccio sicuro e responsabile alla natura.

1. Insegnare ai Bambini a Riconoscere le Piante Tossiche

Il primo passo nell'educazione alla prevenzione è insegnare ai bambini a riconoscere le piante velenose. Puoi iniziare creando una lista delle piante tossiche più comuni nella tua area, come la **Belladonna**, la **Cicuta**, e le **Euforbia**. Utilizza immagini e disegni per rendere l'apprendimento più coinvolgente. Ecco alcune tecniche pratiche:

- **Passeggiate educative:** Organizza passeggiate nella natura con i bambini, portando con te guide visive o app di riconoscimento delle piante. Chiedi ai bambini di identificare le piante tossiche lungo il percorso e di segnalarle. Questo approccio pratico li aiuterà a memorizzare le informazioni.

- **Giochi di ruolo:** Crea giochi di ruolo in cui i bambini possono simulare situazioni di riconoscimento delle piante. Ad esempio, possono essere "detective delle piante" che cercano di identificare piante tossiche in un'area sicura del giardino o del parco. Questo non solo rende l'apprendimento divertente, ma favorisce anche l'attenzione e la curiosità.

- **Storie e filastrocche:** Usa storie o filastrocche che parlano delle piante tossiche e delle loro caratteristiche. La narrazione rende l'argomento più accessibile e memorabile.

2. Stabilire Regole Chiare di Sicurezza

Le regole di sicurezza devono essere chiare e facilmente comprensibili per i bambini. Ecco alcune regole fondamentali da insegnare:

- **Non toccare piante sconosciute:** Fai capire ai bambini che devono evitare di toccare o annusare piante che non conoscono, specialmente quelle che sembrano strane o hanno colori vivaci.

- **Chiedere sempre aiuto:** Insegna ai bambini a chiedere sempre a un adulto se non sono sicuri di una pianta. Sottolinea che è importante non improvvisare e che ci sono esperti che possono aiutarli.

- **Osservare prima di avvicinarsi:** Insegna ai bambini a osservare da lontano prima di avvicinarsi a una pianta, specialmente se non la conoscono. Questo li aiuta a sviluppare un senso di cautela e osservazione.

3. Attività Pratiche per Insegnare il Rispetto della Natura

Insegnare ai bambini a rispettare la natura è fondamentale per la loro sicurezza e per quella degli animali. Attività pratiche possono includere:

- **Creare un erbario:** Invita i bambini a raccogliere foglie e fiori non tossici per creare un erbario. Questo li aiuterà a comprendere la diversità delle piante e a riconoscere quelle che possono essere pericolose.

- **Laboratori di giardinaggio:** Coinvolgi i bambini in laboratori di giardinaggio in cui possono piantare piante non tossiche. Mostra loro come prendersi cura delle piante e spiegare quali piante è meglio evitare.

- **Attività di pulizia:** Organizza giornate di pulizia nei parchi locali, in cui i bambini possono imparare a prendersi cura dell'ambiente. Questo li insegna l'importanza di mantenere pulito il loro habitat e a riconoscere i pericoli delle piante tossiche.

4. Sicurezza per gli Animali Domestici

Oltre a educare i bambini, è fondamentale prendersi cura della sicurezza degli animali domestici. Ecco alcune linee guida:

- **Monitoraggio durante le passeggiate:** Durante le passeggiate, tieni sempre il tuo animale domestico al guinzaglio e prestagli attenzione. Gli animali, specialmente i cani, sono inclini a esplorare e potrebbero mordere o mangiare piante tossiche.

- **Conoscere le piante tossiche:** Fai un elenco delle piante velenose comuni e assicurati che il tuo giardino o il tuo cortile ne sia privo. Alcuni esempi includono il **Tasso**, la **Dieffenbachia**, e l'**Oleandro**.

- **Educazione all'addestramento:** Utilizza comandi di addestramento per evitare che il tuo animale domestico si avvicini a piante pericolose. Premi e rinforzi positivi possono aiutare gli animali a comprendere quali piante evitare.

Conclusione

Educare i bambini e prendersi cura degli animali in relazione al riconoscimento delle piante velenose è un investimento fondamentale per la loro sicurezza. Attraverso tecniche pratiche, giochi interattivi e una buona conoscenza delle piante tossiche, è possibile instillare una consapevolezza che durerà tutta la vita. Con il giusto approccio, i bambini possono apprendere a rispettare la natura, mentre gli animali domestici possono godere di un ambiente sicuro e sano.

Vuoi un nostro libro a soli 0,99€? Ecco come fare!

Ciao!
Se ti è piaciuto questo libro, puoi ricevere il prossimo titolo **a soli 0,99€**, scegliendo tra:

- eBook
- PDF di un libro cartaceo

Segui questi semplici passaggi:

1. Condividi la tua esperienza sul sito dove hai effettuato l'acquisto.

2. Invia uno screenshot **del tuo feedback** dove si legge anche la dicitura "Acquisto verificato" a: info.testicreativi@gmail.com

3. Riceverai un codice sconto personale da utilizzare sul nostro store online, valido per ottenere il prossimo libro **a soli 0,99€**.

La tua opinione conta davvero: ogni recensione ci aiuta a crescere e permette a nuovi lettori di scoprire i nostri libri.

Grazie di cuore per il tuo tempo e buona lettura!

www.ingramcontent.com/pod-product-compliance
Lightning Source LLC
Chambersburg PA
CBHW052343220526
45465CB00003BA/935